六立柱 114 型日光温室

六立柱 120 型日光温室

日光温室群

日光温室棚中棚

单立柱 110 型日光温室内部结构图

日光温室
骨架结构

日光温室后屋
面内部结构

日光温室
内部结构

日光温室
外部结构

日光温室
立柱分布

日光温室墙体

温室前脸内侧的
土壤修整成斜坡
并设置水泥板

日光温室天窗
通风操作系统

日光温室后
砌柱分布

日光温室后屋面钢丝分布

七立柱 121 型日光温室走道设在棚内最南端

日光温室上加布套的细钢索横向压膜

聚乙烯塑料膜覆盖保墙体

日光温室棚膜除尘条

国家大宗蔬菜产业技术体系项目资助
山东省现代蔬菜产业技术体系项目资助

大跨度半地下日光温室建造及配套栽培技术

编著者

胡永军　国家进
潘子龙　张锡玉

金盾出版社

内 容 提 要

本书由我国著名的蔬菜之乡——山东省寿光市农业一线技术推广人员编著，介绍了近年来寿光菜农发明创造的大跨度半地下日光温室的结构设计、建造技术和配套设施，同时介绍了温室中黄瓜、西葫芦、番茄、茄子、辣椒、菜豆等蔬菜的配套栽培模式与方法和温室蔬菜生产中创新发展的新技术。本书内容新颖，先进性、创造性和可操作性强，对提高温室蔬菜生产的科技水平和经济效益具有积极指导作用，适合广大农民和基层农业科技人员阅读，亦可供农业院校相关专业师生参考。

图书在版编目(CIP)数据

大跨度半地下日光温室建造及配套栽培技术/胡永军等编著．-- 北京 ：金盾出版社，2011.7

ISBN 978-7-5082-6967-2

Ⅰ.①大… Ⅱ.①胡… Ⅲ.①温室—基本知识②温室栽培—基本知识 Ⅳ.①S625②S626.5

中国版本图书馆 CIP 数据核字(2011)第 074206 号

金盾出版社出版、总发行

北京太平路 5 号(地铁万寿路站往南)

邮政编码：100036 电话：68214039 83219215

传真：68276683 网址：www.jdcbs.cn

封面印刷：北京精美彩色印刷有限公司

彩页正文印刷：北京金盾印刷厂

装订：永胜装订厂

各地新华书店经销

开本：850×1168 1/32 印张：7.5 彩页：4 字数：178 千字

2011 年 7 月第 1 版第 1 次印刷

印数：1～8000 册 定价：15.00 元

前　言

山东省寿光市日光温室蔬菜栽培起步早，规模大，有许多成熟的技术和和经验，可以为各地蔬菜种植者提供一些借鉴和帮助。为此，编者在总结多年来一线工作的经验以及当地和全国其他地区蔬菜生产先进经验的基础上，参考了大量的资料，根据生产实际，系统地介绍了近几年寿光兴起的大跨度半地下日光温室的结构、建造、配套设施及其配套栽培技术，同时以“特别提醒”和“寿光菜农经验”的穿插方式提供了部分寿光农民秘不外传的独创技术及土办法。

全书分三章。第一章大跨度半地下日光温室的设计与建造，内容包括：大跨度半地下日光温室设计与建造原则、日光温室结构设计与建造、日光温室保温覆盖形式、日光温室的主要配套设施、日光温室的维护、日光温室建造中的误区；第二章大跨度半地下日光温室蔬菜配套栽培技术，内容包括：大跨度半地下日光温室黄瓜高产栽培技术、西葫芦高产栽培技术、番茄高产栽培技术、茄子高产栽培技术、辣（甜）椒高产栽培技术、菜豆高产栽培技术；第三章日光温室蔬菜栽培新技术的应用，内容包括：日光温室蔬菜二氧化碳施肥技术、有机型无土栽培技术、水肥一体化施肥技术、敞穴施肥技术、增碳控氮施肥技术、熊蜂授粉技术、臭氧杀菌技术、应用丽蚜小蜂技术、石灰氮土壤消毒技术、应用生物反应堆技术、遮荫降温栽培技术、高温闷棚技术。

本书的编写从蔬菜生产实际出发，突出科学性、实用性和可操作性，深入浅出，文字通俗易懂，向广大农民朋友介绍大跨度半地下日光温室建造及其配套栽培技术，我们相信对农民朋友发展蔬菜生产必将起到一定的指导、促进和借鉴作用。设施水平的优劣和种植水平的高低是决定温室蔬菜经济效益的关键所在。我们衷心希望读者能通过阅读本书掌握大跨度半地下日光温室的建造及其配套栽培技术，从而提高蔬菜种植效益，这也是我们编写此书的最大愿望。本书非常适合基层农业科技人员和广大农民阅读，也可作为农业院校蔬菜、种植等相关专业师生参考用书。

本书的编写参考了有关学者、专家的著作资料，并得到了相关学者、专家的帮助，在此一并表示感谢！由于编者水平所限，书中疏漏和不当之处在所难免，恳请专家和广大读者批评指正。

编著者

2011 年 7 月

目 录

第一章　大跨度半地下日光温室的设计与建造

一、大跨度半地下日光温室设计与建造原则

(一)大跨度半地下日光温室的基本特征

大跨度半地下日光温室是在科学利用太阳能的基础上形成的农业园艺设施,在生产中体现了低成本、高效益的特点。其性能特征如下。

1. 采光好　大跨度半地下日光温室的前屋面设计充分考虑到不同纬度条件下的太阳高度角及太阳光对棚面的入射角,使其在不同的季节和不同的太阳光入射时段,都可形成较理想的直射条件,尽可能减少光的散射和折射,最大限度地利用太阳能。

2. 保温好　大跨度半地下日光温室利用墙体、后屋面及前屋面的透明覆盖材料和保温材料,最大限度地把白天太阳光入射带来的辐射热保存下来,尽可能减少夜间热传导、热辐射和热量的缝隙扩散效应,使温室内温度在夜间不低于8℃,以保证蔬菜作物在冬季的安全生产。

3. 贮热好　大跨度半地下日光温室利用墙体吸热、后屋面载热等特点,在白天有太阳照射的条件下,尽可能使墙体、后屋面和地表面大量吸热,采用热容量大的材料大量储蓄热量,于夜间再不断地释放出来,补偿温室气温损失的部分,以保证温室内温度达到要求的标准。

4. 有利于二氧化碳的贮存 大跨度半地下日光温室的空间增大，相对空气中的二氧化碳就多，有利于蔬菜作物生长，达到增产的目的。

（二）建造日光温室要因地制宜

北方冬季寒冷。山东省从立冬进入冬季至3月初有长达百余天的低温期。要想让喜温的蔬菜能安全度过寒冷期并取得较高产量和效益，就需要把日光温室的防寒、保温性放在首位。目前推广的厚墙体、大跨度、大容积、半地下式日光温室保温性好、温度变化平稳，冬季外温在－15℃的情况下最低室温能在6℃～7℃并持续近8个小时。温室内10厘米地温不会低于12℃。

半地下式高效节能日光温室是在建造厚墙体日光温室的基础上进行技术革新的新型温室，是适用于北方气候较寒冷地区的高抗寒、高保温、高效节能日光温室。该结构温室是今后应大力推广的主流类型。

不同地区在建造日光温室时，要根据当地经纬度和气候条件，确定日光温室的高度、跨度以及墙体厚度。例如，东北地区日光温室建造如果与山东省寿光市一样，那么日光温室的采光性和保温性将大为不足；而南方地区的日光温室建造如果与寿光市一样，则日光温室的实种面积将受限。

1. 正确调整日光温室棚面形状 日光温室棚面形状及日光温室棚面角是影响日光温室日进光量和升温效果的主要因素，在进行日光温室建造时，必须考虑当地情况合理选择设计。在各种日光温室棚面形状中，以圆弧形采光效果最为理想。

日光温室棚面角指日光温室透光面与地平面之间的夹角。当太阳光透过棚膜进入日光温室时，一部分光能转化为热能被温室棚架和棚膜吸收（约占10％），部分被棚膜反射掉，其余部分则透过棚膜进入日光温室。棚膜的反射率越小，透过棚膜进入日光温室的太阳光就越多，升温效果也就越好。最理想的效果是，太阳垂直照射到日光温室棚面，入射角为零，反射角也为零，透过的光照强度最大。简单地说，要使采光、升温与种植面积较好地结合起来，日光温室宽和高的比例就要合适。

以“冬至”正午时温室采光斜面上，太阳光投射角度为56°（即太阳光入射角度为34°）为设计参数确定温室的棚面角度。如图1

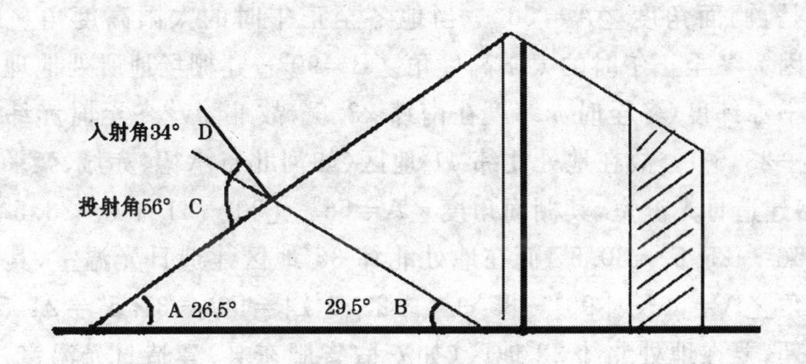

图1　日光温室棚面角度设定

所示：∠C是日光温室采光斜面上太阳光投射角，为56°；∠D是日光温室采光斜面上太阳光入射角，为34°；无论在南北不同地理纬度的各地区建造寿光日光温室，其日光温室采光斜面上“冬至”正午时的太阳光投射角度，都应是56°（即太阳光入射角34°）。棚面上这样的太阳光投射角度和光强等于北纬10.5°地区“冬至”正午时太阳光投射于地平面的角度和光照强度。因此，在各地建造的寿光日光温室，都采光性好，升温快。寿光日光温室采光斜面上太阳光投射角56°（入射角34°）的采光率，比投射角90°的采光率不仅比正午时低不了3个百分点，而且在太阳高度角比正午时低5°51′～6°17′的午前2小时内和午后2小时内的采光率，也低不了

3个百分点。

以日光温室采光斜面上“冬至”正午时太阳光投射角56°为设计参数建造的寿光日光温室，与假设以“冬至”正午时太阳光投射角90°建造的日光温室相比较，棚面角(∠A)小于34°，建成的日光温室不那么高而窄，造价也不那么高；而是比较矮而宽、造价较低，经济适用。上述日光温室采光斜面上太阳光投射角56°为设计参数，在不同地理纬度地区建造寿光日光温室的棚面角度的计算方法是：棚面角度∠A＝56°－当地冬至正午时的太阳高度角∠B。并因为冬至正午时的太阳高度角∠B＝90°－建棚场地所处地理纬度＋赤纬度(冬至时赤纬度在南纬23.5°，故北半球冬至时赤纬度为－23.5°)。故在地处北纬41°地区(如河北省承德、赤城、滦平等地)建造日光温室，其棚面角度∠A＝56°－[90°－41°＋(－23.5°)]＝56°－25.5°＝30.5°，而在地处北纬35°地区建造日光温室，其棚面角∠A＝56°－[90°－35°＋(－23.5°)]＝56°－31.5°＝24.5°。同理，要在地处北纬32°地区(如安徽省肥东县)建造日光温室，其棚面角度∠A＝56°－[90°－32°＋(－23.5°)]＝56°－34.5°＝21.5°，因日光温室前坡采光斜面的水平宽度/温室棚脊高度，是棚面角∠A的余切函数值。不同地理纬度地区建造的寿光日光温室的棚面角度不同，所以前坡采光斜面的水平宽度与温室棚脊高度的比值也不同，但设计的采光斜面上太阳光投射角度是相同的。

2. 正确调整日光温室宽与高的比例 不同地区合适的日光温室高与宽的比例是不同的。经过试验和测算，日光温室宽与高比值的计算方法可以用下面的公式计算：

日光温室宽：高＝ctg理想日光温室棚面角

理想日光温室棚面角＝56°－冬至正午时的太阳高度角

冬至正午时的太阳高度角＝90°－(当地地理纬度－冬至时的赤纬度)

例如，寿光市在北纬36°～37°，冬至时的赤纬度约为23.5°(从数学角度看，北半球冬至时的赤纬度应视作负值），所以寿光市合理的日光温室宽：高，按以上公式计算约为 2～2.1：1。河北省中南部，山西、陕西省北部、宁夏南部等地纬度与寿光市相差不大，日光温室宽：高基本在 2～2.1：1 左右。江苏北部、安徽北部、河南、陕西南部等地纬度较低，多在北纬 34°～36°，冬至时的太阳高度角大，理想日光温室棚面角就小，日光温室宽：高也就大一些，约为 2.2～2.4：1。而在北京、辽宁、内蒙古等地，纬度较高，在北纬 40°地区，日光温室宽：高也就小一些，约为 1.8～1.9：1。建造日光温室要根据当地的纬度灵活调整。

3. 确定合适的墙体厚度　墙体厚度的确定主要取决于当地的最大冻土层厚度，以最大冻土层厚度加上 0.5 米即可。如山东省最大冻土层厚度在 0.3～0.5 米，墙体厚度为 0.8～1 米即可。辽宁、北京、宁夏等地的最大冻土层厚度甚至达到 1 米，墙体厚度需适当加厚 0.3～0.6 米，应达 1.3～2 米。江苏北部、安徽北部、河南等地最大冻土层厚度低于 0.3 米，墙体厚度在 0.6～0.8 米即可满足要求。如果墙体厚度太薄，保温性则差；墙体厚度太厚，则浪费土地和资金。

在大跨度半地下日光温室开发设计中，为增加保温贮热能力和便于建设施工，墙体一般基部厚 3.5～4 米，顶部厚 1.5 米左右，墙体内侧基本砌成与栽培床面垂直的墙面，外侧呈斜坡，由于建墙大量用土来自栽培床面，使床面挖深达 100 厘米左右。通过几年实践证明，由于墙体的加厚，贮热能力加大，墙体的增高，使日光温室前坡面采光角度增大，增温效果就显著，并且通过下挖充分利用地温，在冬季比非地下温室温度增高 3℃～5℃，蔬菜在外界－27℃的严寒地带照常生长良好。

大跨度半地下日光温室的墙体之所以选用生土筑成而不用砖或石砌成，就是因为土的容积热容量较大，而砖石的容积热容量较小。干土的容积热容量为 600 千卡/米^3·℃，是空气容积热容量

0.3 千卡/米^3·℃的 2000 倍。当白天为晴天，日光温室采光升温，温室内空气温度往墙体补充，2000 立方米空间的空气 1℃的热量，补充到比空气温度低的土墙体中，才使 1 立方米土墙体上升 1℃。因此，可使日光温室白天为晴天气温不会上升得过快、过高。冬季的夜间，日光温室内的气温降得快，当气温低于土墙体 50 厘米内层的温度时，墙体内层的热量则往温室内空气中释放。1 立方米土墙释放 1℃的热量，可使温室内 2000 立方米空气上升 1℃，再加上约等于墙体厚度 1/3 厚的后坡层是两膜夹玉米秸秆、草泥和干草构成的，储热保温性能也很好，故温室效应相当好。

4. 确定合适的日光温室间距 日光温室建造的方位应坐北朝南、东西延长，则日光温室内光照分布均匀。两排日光温室之间的距离过大，浪费土地，过近影响日光温室光照和通风效果，并且固定日光温室棚膜等作业也不方便。

理论上，前后两排温室之间相距多少米前面的温室才不会遮到后面的温室，是由前面温室的高度和当地冬至时太阳高度角所决定的。冬至时太阳高度角最小，同样的墙体对后面的地块遮荫最多，所以应以当地冬至时太阳高度角来计算。

以寿光市为例，冬至时太阳高度角为 29.5°，其余切值就是 1.762。它表示前排温室最高点的地面投影到后排温室最前端的距离与前排温室最高点的高度加草苫卷直径的和的比值是1.762。所以，两温室间不遮荫的最小距离＝(前排温室最高点的高度＋草苫卷直径)×1.762－前排温室最高点的地面投影到北墙体外缘的距离。

举例说明，假如前排温室的最高点高度为 5 米，所用草苫卷直径为 1 米。前排温室最高立点的地面投影到北墙体外缘的距离为 6 米。那么，建温室时两温室间不遮荫的最小距离就是(5＋1)×1.762－6＝4.572 米。

在实际应用中，前排温室墙体后缘到后排温室前缘的合适距离为不遮荫最小距离加一个修正值K。K的具体大小可根据情况自定:K值大,后排温室光照好,但土地利用率低;K值小,土地利用率高,但后排温室光照相对较差。在山东、河北等地,K值通常为1.2~1.6米,前排温室墙体后沿到后排温室前沿的合适距离为5.8~6.2米(图2)。

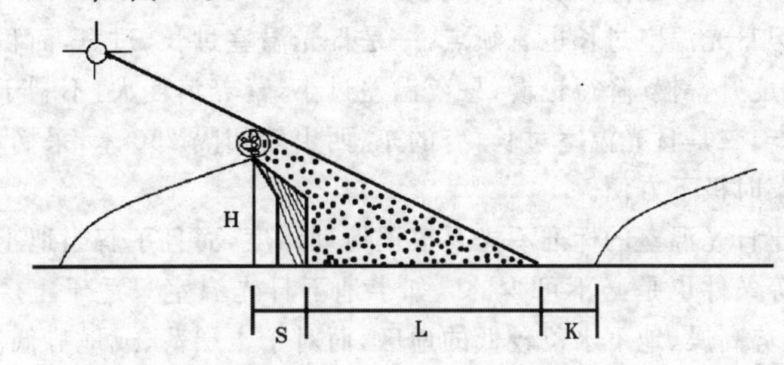

H:温室脊高加草苫卷高

S:温室最高采光点垂直到地面的点至后墙外侧的距离

L:前排温室与后排温室的理论间距

图2 日光温室前后合理间距确定

(三)设计和建造日光温室应注意的问题

在设计日光温室时,必须依据地理纬度、气候条件、场地面积、地形等自然情况,处理好日光温室的总体尺寸关系,使总体尺寸关系处于适宜范围,方使日光温室具有采光性强,保温性好,节能和经济实用的独特优点。高度、跨度、长度配合得当,则采光角度和前后坡水平宽度比例适当,采光增温和贮热保温性能都好,日光温室内范围也得当,既能减轻山墙遮阳成荫的影响,也易于控制调节日光温室温度,有利于作物生长发育和便于人们对作物栽培管理。

老式的"低档日光温室"棚体过矮、过窄、过小,不便于操作,再加上空气相对湿度大,菜农长期在这种日光温室内劳动,容易患

"日光温室综合征"(主要症状是腰、腿疼和肩背不舒服)。20世纪80年代的日光温室大都是高3米、跨度为8米、长为50～60米的泥坯墙体。这种日光温室低矮、空间小,二氧化碳变化大,夜间饱和,白天上午11时以后就会缺乏,导致昼夜温差过大,空气相对湿度大,冬季蔬菜容易发病。

但日光温室过长也有缺点,一是日光温室过长、过宽,面积越大,温度升得慢,降得也慢,昼夜温差过小,营养消耗大,不利于蔬菜增产;二是日光温室过长,有的东、西山墙相隔250米,采摘、运输蔬菜时极不方便。

建日光温室的标准不光要根据地理纬度,而且了解当地土层厚薄等条件也是必不可少的。如半地下日光温室只适于土层深厚、地势高燥、地下水位较低的地区,而对于土层薄、或地势低洼,或地下水位高的地区(如安徽、江苏淮阴)、低纬度的地区,则不适宜建造。

寿光市日光温室的适宜跨度为9～12米,墙体厚度为1.5～4米,日光温室内走道(水沟)为50～70厘米。各地不同纬度后墙高度也不一样。可根据日光温室棚体特点采取改进措施:一是采用适宜的日光温室棚面角度。采光由日光温室棚面角度和透光率决定,日光温室棚面角度越大,透光率越高,升温越快。二是选用优质农膜。三是增前坡,缩后坡。如脊高3米的日光温室,跨度以8米为宜,其中前坡水平宽度以6米左右为宜。四是改变日光温室不适当的朝向。五是对于棚体过大、过长的日光温室,可于其长度中间设一道内山墙,或用棚膜将其分隔为二,这样一来提温快,二来便于操作。

这里需要特别注意的是,日光温室应以多长为最适宜?假若建造日光温室的地块不受面积限制,以建造80～100米长的温室最为适宜,其原因如下。

一是日光温室太短不合算。温室无论长短,东、西两山墙是必须建设的，其所占用的土地面积在某种程度上是一定的。因此，建造日光温室东、西两墙所花费的资金也是一定的。举例来说，建造50米长的温室，与建造100米长的温室一样，均需要预留出5～6米宽的地块用于建造东墙或西墙，剩下的地块才是种植作物的面积，两者相比较而言，前者的投入产出比要远远小于后者，故以后者为好，不应建造小于50米的“短小温室”。

二是日光温室超长又存在诸多弊端。首先，卷放草苫费劲。由于温室太长、太宽，一个温室不得不使用至少两台功率在1.5千瓦以上的卷帘机拉放草苫，否则，仅使用一台卷帘机是根本不可行的。若人工拉放草苫，工作强度太大。其次，增加了拉放棚面钢丝的难度。棚面钢丝需东西向拉放，而后固定在东、西两墙根的地锚上。例如，200米长的温室，拉放起棚面钢丝来，不仅难度大，而且也很难固定牢固。另外，更换棚膜难度也很大。一般100米长的温室，更换棚膜需12～13人就足够，200米长的温室至少需要25人才可保证顺利完工。故超长温室不适合目前的温室蔬菜生产。由此可见，为了避免浪费土地，节省资金，提高温室的投入产出比，建议广大农户以建造80～100米长的温室最为适宜。

（四）日光温室选址应遵循的原则

一是选地势开阔、平坦，或朝阳缓坡的地方建造日光温室，这样的地方采光好，地温高，灌水方便均匀。

二是不应在风口上建造日光温室，以减少热量损失和风对日光温室的破坏。

三是不能在窝风处建造日光温室，窝风的地方应先打通风道后再建日光温室；否则，由于通风不良，会导致蔬菜作物病害严重，同时冬季积雪过多对日光温室也有破坏作用。

四是建造日光温室以沙质壤土最好，这样的土质地温高，有利于蔬菜作物根系的生长。如果土质过黏，应加入适量的河沙，并多施有机肥料加以改良。土壤碱性过大,建造日光温室前必须施酸性肥料加以改良,改良后才能建造。

五是低洼内涝的地块不能直接建造日光温室,必须先挖排水沟后再建日光温室;地下水位太高、容易返浆的地块,必须多垫土,加高地势后才能建造日光温室,否则地温低,土壤水分过多,不利于蔬菜作物根系生长。

六是建造日光温室的地点水源要充足,交通方便,有供电设备,以便于管理和产品运输。

二、大跨度半地下日光温室结构设计与建造

就日光温室的骨架材料而言,目前寿光推广的大跨度半地下日光温室分为标准型和普通型两种,标准型为单立柱钢筋骨架结构,前坡面采用钢管钢筋拱架,无前立柱、也无中立柱,只有后立柱,后立柱多为钢管。普通型为多立柱钢木混合结构,内设6～7排水泥立柱,采用镀锌管做拱梁,竹竿做拱杆;就跨度而言,寿光市日光温室分为9.8米、10.2米、11.0米、11.4米、12.1米等5种;就立柱多少而言,寿光市日光温室分为单立柱结构、六立柱结构、七立柱结构等3种。目前,寿光推广面积最大的日光温室棚型主要有六立柱102型日光温室、六立柱114型日光温室、七立柱121型日光温室、单立柱98型日光温室、单立柱110型日光温室等5种。

(一)六立柱102型日光温室

1. 结构参数 温室下挖1米,总宽14.2米,后墙外墙高3.1米,山墙外墙顶高4.2米,墙下体厚4米,墙上体厚1.8米,走道加水沟宽0.6米,种植区宽9.6米。结构为土压墙体,钢筋竹竿混合式拱架。

立柱6排,一排立柱(后墙立柱)长5.6米,地上高4.8米,至

二排立柱距离 1 米。二排立柱长 5.8 米，地上高 5.0 米，至三排立柱距离 2.1 米。三排立柱长 5.4 米，地上高 4.6 米，至四排立柱距离 2.2 米。四排立柱长 4.7 米，地上高 3.9 米，至五排立柱距离 2.4 米。五排立柱长 3.6 米，地上高 2.8 米，至六排立柱距离 2.5 米。六排立柱（前立柱）长 1.8 米，地上高 1.0 米。

采光屋面平均角度 23.2°左右，后屋面仰角 45°。前立柱与第五排立柱之间、第五排立柱与第四排立柱之间和第四排立柱与第三排立柱之间的平均切线角度分别为 35.8°、24.6°和 17.7°左右（图 3）。

2. 剖面结构　见图 3。

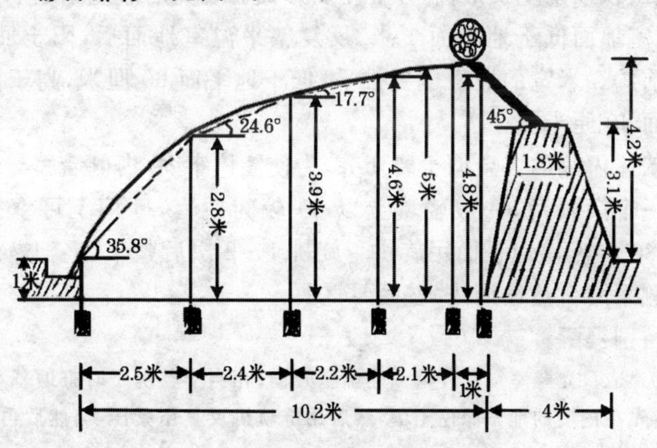

图 3　六立柱 102 型日光温室剖面结构图

3. 建　造

（1）建造墙体　采用推土机和挖掘机相配合的方法建造墙体。将 20 厘米深的熟化土层（阳土）推向棚址南侧，等墙体建完后，整平温室地面阳土再回棚。建墙体的关键是土壤的湿度和墙体的上土厚度。如果打墙前土壤湿度较小，在动工前 5～7 天围埝 30～40 厘米，浇足水，以确保建墙质量。每层的上土厚度是保证墙体质量的重要因素，在湿度合适的情况下，地平面以上墙体高度为3.1米，一般需要7～10层土，每层土都要反复碾压，压一层用挖掘机再抓一层土。如此反复，一直把墙体碾压到要求的高度。

把反复压实的墙体雏形用推土机将上口推平，后墙体外墙高度为3.1米。沿墙内侧先划好线，用挖掘机切去多余的土，随切随平整地面。墙体后坡形成自然坡。墙体建成后，墙基宽4米，上口宽1.8米。东、西山墙也按相同方法切好，两山墙顶部靠近后墙中心向南2.4米处再起高1.1米，建成山墙山顶。山顶向南0.6米、2.7米、4.9米、7.3米处高度分别为4.0米、3.6米、2.9米、1.8米，使山顶以南呈拱形面，以北呈斜形面。切完后形成半地下式温室，温室地面低于地平面1米，反复整平温室地面后，阳土回棚。温室前约3米宽的地面也要推平，低于地平面60厘米，高于温室地平面40厘米。

墙体内侧的多余墙土要切齐，为使墙体牢固，内侧墙面与地面要有一个倾斜角，一般轻壤土以80°较为适宜，砂壤土可掌握在75°～80°。温室地平面用旋耕犁旋耕1～2次后整平、整细。后墙的外侧采用自然坡形式，坡面要整平。

特别提醒：

①建造日光温室须先开槽　建温室开槽，相当于盖房子时打地基，是在建墙前先在挖墙的地方深挖土壤，然后用链轨机反复压紧压实，然后再在其上面建墙体。

据调查，现在有不少菜农为了省钱，往往选择不开槽，而直接挖墙体。这其实是一种因小失大的做法，后期很容易出现墙体塌陷现象。

建造新温室不挖槽就像盖新房子不打地基一样，根基不稳。现在温室墙体都在4米左右，如果不提前开槽，把墙体下的土压结实，温室建好后很可能出现沉降、偏移等问题，温室的牢固性很难保证，大大影响使用寿命，说不定什么时候墙体就会塌陷。因此，在建墙体之前，千万不要为省小钱，而不顾整个温室的安全。

②日光温室东西墙要向两侧“张开”　日光温室东西两墙不要垂直于后

墙，而是要向两侧张开些，即东墙要北偏东些，西墙要北偏西些，实际建温室中的偏差距离在 2 米左右。这样做的目的是，增加温室的采光面积，以利于蔬菜的生长(图 4)。

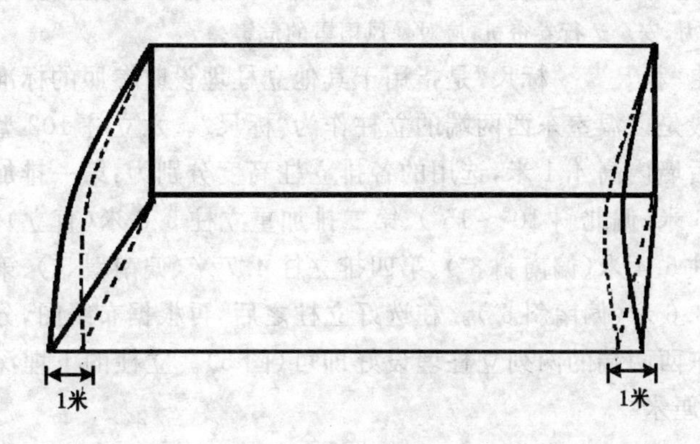

图 4　温室东西墙设置图

③后墙防水　后墙要添加石灰打压。凡是日光温室后墙出现坍塌的，多是因为温室后墙没有做防水处理，雨水从后坡渗到温室后墙上，导致墙体出现坍塌。因此，对于新建的温室，为延长使用年限，建造时需要做好外墙防水处理。因为建好的温室后墙使用链轨车压实程度有限，建造时都要使用打夯机再次将温室后墙夯实并整平，以利于防水及安装温室后斜柱(俗称后砌柱)，设置后屋面时也要做好防水。

对于温室后墙，可在用打夯机夯实之前，在温室后墙顶部15～20厘米厚的土壤中掺入一定量的石灰。若温室为 100 米长，可掺入 200 千克左右的石灰，然后使用打夯机将后墙平面夯实，使温室后墙的顶部形成密实的防水层，经过这样的处理，温室的后墙防水能力大大加强。

(2)埋设立柱

①规划布线　以日光温室内径 100 米长为例，按照 3.5 米一间，地块中间可规划出 28 大间，温室东、西两端剩下各 1 米的两小间。按照此规划，分别用卷尺测量出每一间的具体位置，而后南北向进行布线。

特别提醒：

日光温室规划建造中除应注意合理安排东、西侧的“小间”外，在温室中间同样设置“小间”，其宽度为2.5～3米。通过小间的设置，可明显提高温室的承载能力，安全运行卷帘机，应对暴风雨雪的危害。

②定“标尺” “标尺”是指用于其他立柱埋设时参照的标准立柱。一般是以温室东西两端的立柱作为“标尺”。六立柱102型日光温室后墙内高4.1米，选用的各排立柱高度分别为：第一排加重立柱5.6米（偏北斜10°～15°）、第二排加重立柱5.8米（直立）、第三排立柱5.4米（偏南斜3°）、第四排立柱4.7米（偏南斜5°）、第五排立柱3.6米（偏南斜5°）。在选好立柱之后，再根据布线图，分别把温室东西两端的两列立柱埋设好即可（图5）。立柱的下埋深度均为80厘米。

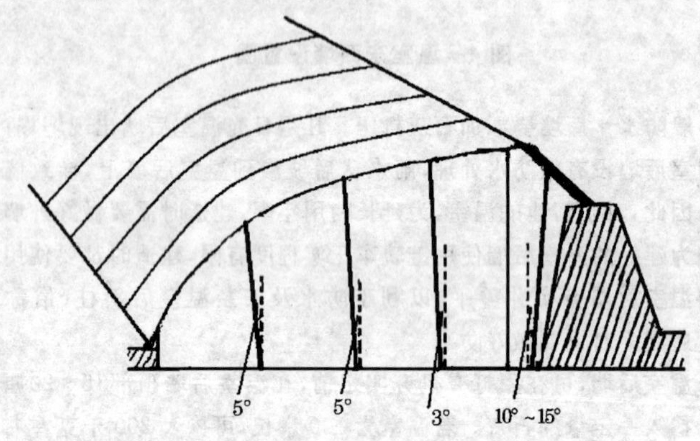

图5 温室立柱埋设角度图示

③分次埋柱 以温室东西两端的“标尺”为准，按照由外到内的顺序进行依次埋柱。方法：埋设第一排立柱时，先将用于第一排的立柱，从其上端往下测量并标记出3米的位置。然后，在“标尺”立柱（从其上端往下）3米处东西向拉一条标线，立柱埋设后，标线要与立柱的3米标记处重合。按照此方法，再埋设第五排立柱，最

后埋设其他各排立柱。

特别提醒：

设置双行后立柱，防后砌水泥柱断裂。日光温室后屋面上的水泥柱（后砌柱）易发生断裂，断裂后因承重能力降低，使得后屋面开始向下坍塌，十分危险。后砌水泥柱易断裂，主要是因为温室后屋面承载的压力较大，卷帘机、草苫、土层全部压在后屋面上，而后屋面的压力主要是由后砌柱承担，这样很容易出现后砌柱断裂的现象。而后砌柱一旦断裂，整个后屋面就容易向下塌陷，非常危险。所以，建新温室时，可在后墙处多埋一行立柱，这样温室后砌水泥柱下面就有 2 根立柱支撑，安全性将大大提升。

(3)处理后坡

①埋设后砌柱　在整平温室后墙顶部后，东西向拉线，分别确定后砌柱的埋设点。先将温室内后墙根处的第一排立柱埋设好，而后再把温室东端和西端的两根后砌柱（每根长 1.8 米）分别摆放在第一排立柱之上，并稍加固定，待确定好其与水平线的夹角后，再埋设后砌柱，并用铁丝将其与第一排立柱相连接，而后在埋设好的两根立柱下方，东西向拉一条工程线，以作参照。其余后砌柱便按照同样的方法，依次埋设好即可。后砌柱的一端要伸出第一排立柱约 56.5 厘米，以备安装温室骨架。后砌柱的另一端埋入墙内约 20 厘米。

②铺拉钢丝　先在温室一端的底部埋设地锚，而后拴系好钢丝，将其横放在后砌柱之上，并每间隔 1 后砌柱捆绑 1 次，最后将钢丝的另一端用紧线机固定牢。钢丝间距 10～15 厘米。

③覆盖保温、防水材料　第一步，选一宽为 4～5 米、与温室同长的塑料薄膜，一边先用土压盖在距离后墙边缘 20 厘米处，而后再将其覆盖在“后屋面”的钢丝温室棚面上。温室棚面顶部可再东西向拉一条钢丝，固定塑料薄膜的中间部分。第二步，把事先准备好的草苫或苇箔等保温材料（1.6 米宽）依次加盖其上，注意保温材料的下缘要在塑料薄膜之上。第三步，为防雨雪浸湿保温材料，

需再把塑料薄膜剩余部分“回折”到草苫和毛毡之上。

特别提醒：

日光温室后墙上加铺一层泡沫塑料板效果好。不少菜农都在温室后墙铺的草苫上又加铺一种泡沫塑料板，主要有两点好处：一是保温。泡沫塑料板有防止热传导的效果，能防止温室内的热量通过后墙向外散发，加强保温效果。二是隔湿。在后墙上的草苫上加铺一层泡沫塑料板后，能防止后墙上部土壤的湿气侵入使草苫受潮霉烂，延长草苫的使用寿命。其设置方法是：在后墙铁丝上先铺一层塑料薄膜，在塑料薄膜上铺一层草苫，然后再在上面铺上一层泡沫塑料板，最后将下部的塑料薄膜折叠上来包严即可。

④上土　从温室一端开始，使用挖掘机从温室后取土，然后将土一点点地堆积在“后屋面”上，每加盖 30 厘米厚的土层，可用铁锨等工具稍加拍实。另外，要特别注意上土的高度，以不超过温室屋顶为宜，且要南高北低。

⑤护坡　在平整好“后屋面”土层后，最好使用一整幅塑料薄膜覆盖后墙。温室屋顶和后墙根两处各东西向拉根钢丝将其固定。

(4)处理前坡

①建造前坡面　在两山墙前坡上各放置两排直径为 6 厘米左右的木棒或预制水泥柱作垫木，并添草泥促使木棒正好埋入山墙内。

②架置横杆和拱杆　在前斜立柱上端槽口处顺东西方向依次绑好横杆，横杆是直径 5 厘米的钢管。同时绑好南北坡向的拱杆，拱杆为长 12 米左右、直径 5 厘米的钢管。拱杆应呈拱形，并紧紧嵌入各排立柱顶端的槽口中，用 12 号钢丝穿过立柱槽口下边备制孔，把拱杆绑牢固。拱杆与横杆衔接处要打磨平整，并用废旧塑料薄膜或布条缠起来，以防止扎坏棚膜。绑好后的所有拱杆必须保证在同一拱面上。

③上前坡钢丝　钢丝在拱杆上间隔 30 厘米均匀铺设，并拉紧固定在两山墙外边的地锚备接铁丝上。最靠温室屋顶部的 1 根钢丝与后立柱上后砌柱顶端处钢丝之间的距离约为 20 厘米。拱杆

上与拉紧钢丝交叉处用 12 号铁丝绑牢。

④绑垫杆　在拉紧的钢丝上要绑上垂直于拉紧钢丝的细竹竿，即垫杆。垫杆是用直径约 2 厘米、长 2～3 米的细竹竿，几根细竹竿接起来，接头一定要平滑，从温室前沿一直到温室顶部，并用细铁丝紧绑于东西向拉紧的钢丝上。相邻垫杆的间距为 60 厘米左右(图 6)。

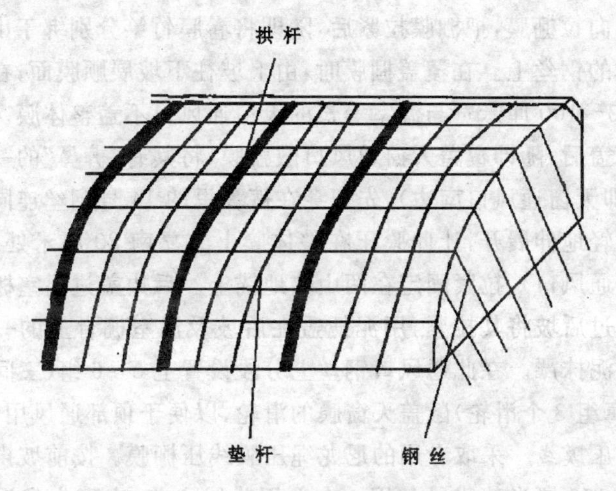

图 6　温室前屋面骨架结构图示

⑤粘接塑料棚膜　一般选用 4 块幅宽 3 米加 1 块幅宽 1 米、厚度 0.12 毫米的聚氯乙烯无滴膜，热压缝 5 厘米粘成整体棚膜，在整体棚膜覆盖顶部的一边粘上一道 2 厘米的“裤”，“裤”里穿上 22 号钢丝，以备覆盖棚膜后，通过东西向拉紧钢丝，固定天窗通风口的宽度，防止棚膜松动。在“裤”下方 8 米处再粘合一道“裤”，“裤”里穿上 22 号钢丝，作为下通风口的固定钢丝用，以防止下通风口通风时棚膜松动。另用 2～3 米宽、与温室一样长的塑料膜，在一个边都粘合上一道 2 厘米宽的“裤”，穿上 22 号钢丝，作为盖

敞天窗通风口用。

⑥覆盖棚膜　选择晴朗、无风、温度较高的天气，于中午进行覆膜。在覆膜之前先把塑膜抻直晒软，然后用长 6 米、直径 5～6 厘米的 4 根竹竿分别卷起棚膜的两端，再东西向同步展开放到温室前坡架上。当温室屋顶和前缘的人员都抓住棚膜的边缘，并轻轻地拉紧对准应盖置的位置后，两端的人员开始抓住卷膜杆向东西两端方向拉棚膜，把棚膜拉紧后，随即将卷膜竹竿分别绑于山墙外侧地锚的钢丝上。在覆盖棚膜时，由上坡往下坡展顺膜面，在顶部留出 80～100 厘米宽与温室等长的天窗通风口不盖整体膜。整体棚膜覆盖后，随即覆盖天窗通风口敞盖膜，将其有“裤鼻”的一边在南边（即天窗通风口南边），先把穿在裤鼻里的 14 号钢丝连同薄膜一块轻轻地伸展开，让此膜压在整体膜上方靠南 20 厘米处（即盖过天窗通风口），拉紧固定在两山墙地锚上。后边盖过温室棚脊并向后盖过后坡将其拉紧，用泥把盖在后坡及温室棚脊上的一边压住并用泥抹严。在此通风口钢丝上分段设置上 5～6 组（三间长设 1 组，每组 3 个滑轮）敞盖天窗膜的滑轮，以便于顶部通风用。

⑦上压膜线　采取专用的尼龙绳压膜线压棚膜。按前坡拱形面长度加 150 厘米截成段备用。在上压膜线之前，应事先在温室前东西向每隔 1.2 米 1 个备置好地锚，以备拴系压膜线。并将其埋在紧靠温室前角外，深度 40 厘米。上压膜线时，上端拴在温室棚脊之后东西向拉紧的钢丝上，拉紧一定程度后，下端拴在前角外的地锚上。温室上好压膜线后，垫杆向上支撑棚膜，而压膜线于两垫杆中间往下压棚膜。

特别提醒：

钢丝压膜容易损坏棚膜，尤其是安装了卷帘机的温室，卷帘机在上下滚动的过程中，很容易将有钢丝地方的棚膜压破。冬天棚膜破裂后如果发现不及时，温室内温度会急剧降低，严重影响蔬菜作物生长。用钢丝压膜在风力较大时，棚膜上下起伏幅度较大，由于钢丝很细（直径在 0.2～0.3 厘米），与棚膜的接触面积较小，这样棚膜也很容易被钢丝勒破，而尼龙绳较粗(一般直径在0.5～0.8厘米)，接触面积大，发生压膜绳勒坏棚膜的可能性会大大降低。建议菜农朋友在压棚膜时最好选用尼龙绳代替钢丝，但要注意在温室拐角处放上小块碎布或自行车外胎压于尼龙绳底下，以减少转角处尼龙绳对棚膜的损坏。

附：寿光菜农经验

小竹竿安在温室上必须固定住，这样不论是人在温室上行走还是卷放草苫，竹竿就不会滑动。大多数温室上都是用铁丝固定，但据菜农介绍，用铁丝固定小竹竿，用上两三年后，铁丝固定处很容易生锈，然后从生锈处断掉，失去了固定的作用，再重新绑钢丝，非常麻烦。

在寿光市孙家集街道几位菜农的温室内，小竹竿都是用小布条来固定的。据菜农介绍，用小布条来固定有以下好处：①节省成本。667平方米日光温室，只需要用2～2.5千克小布条就能固定好竹竿，每千克小布条6元左右，固定一个667平方米大的日光温室需用20多元。倘若用一般铁丝来固定的话，同样长的温室则需70元左右，倘若用防锈铁丝固定费用更大。②结实、耐用。一般来说，用小布条固定可用6～7年，如果用一般铁丝2～3年就会从生锈处断掉，用防锈铁丝也只能用4～5年，而且成本很高。虽然温室内布条是比铁丝怕晒，但铁丝更怕生锈，总体寿命而言，还是布条的寿命更长些。用小布条固定小竹竿优于铁丝。

(5)上草苫　草苫一般用稻草和尼龙绳经打而成，稻草苫的长度一般是从温室棚脊至前窗底脚处地面的长度再加长1.5米。草苫的厚度和宽度因不同气候、不同地理纬度而不同，在北纬39°～41°严寒地区，一般草苫6厘米厚、1.1～1.3米宽。在北纬36°～38°地区，一般草苫的厚度为5厘米左右、宽度1.3～1.5米。在北纬35°以南地区，一般草苫厚3～4厘米、宽1.4～1.5米。每床草苫的重量50～100千克。上草苫的方法有两种：①在温室屋顶的后边有一道东西向拉紧的钢丝把草苫从后坡搬至温室屋顶后部，一端固定在钢丝上，同时在草苫底下固定两根套拉草苫的拉绳，每根拉绳的长度应为草苫长度的2倍再加上2米，拉绳最好是尼龙防滑绳或麻绳，以便于放、拉草苫。②把草苫搬至温室前，从棚面上铺上温室屋顶，顶部固定在后坡钢丝上。草苫的覆盖方法也有两种：一是从东至西依次摆放，覆盖时采取覆瓦状，即西边一床草苫的东边压着相邻东边一床草苫的西边10厘米，从温室的后坡顶部覆盖到前坡前窗脚前的地面。最西边草苫的西边，要用一条尼龙绳或麻绳从后坡顶部到前坡前窗脚压紧，防止大风揭帘。二是由东至西，先隔一个草苫覆盖一个草苫，盖到温室西边后，再由西到东把空处用草苫覆盖，使其两边压着相邻草苫的相邻边。目前电动卷帘机已普及，用电动卷帘机上草苫的方法基本与第二种方法相同。

附：寿光菜农经验

1. 采用防水镀塑管——温室小竹竿的替代品

现在菜农建造的温室大竹竿已经被钢管所替代，从而大大增加了温室的牢固性及抗压能力。温室棚面上使用的小竹竿使用年限短、易裂，容易将棚膜划破，而采用防水塑管能避免这些问题的发生。

因为PVC管的内部有特殊的材料填充，消除了竹竿老化断裂造成的划破棚膜的现象，买来后即可使用，可避免用刀砍除竹子侧枝，削平竹节的麻烦。这种防水镀塑管可用在EVA棚膜覆盖的温室上，不能用在PVC棚膜覆盖的温室上，因为在夏天PVC容易受热软化发生反应而与防水镀塑管粘连在一起，从而造成棚膜破损。

同时，菜农在选用防水镀塑管代替小竹竿时，最好选用直径超过2.5厘米的，这样可以加大温室膜与棚面钢丝之间的间隙，防止草苫过重将棚膜与棚面上的钢丝压到一起，造成棚膜破损。

温室空气湿度大，竹竿容易霉烂，而防水镀塑管是PVC的，不会在使用时霉烂，所以温室的使用寿命也会大大延长。

2. 要注意防止温室前脸的横竹竿霉烂

目前仍有不少老龄温室的前脸处立柱上设有一道横向的大竹竿，由于这道竹竿位置特殊，棚膜上流下来的水汇集于此，使其长期处于潮湿状态，再加上此处冷热变化较大，竹竿多出现劈裂，最后腐烂断裂。因此，多年的老龄温室要加强对前脸横竹竿的养护。其养护方法，一是用布条将其包裹起来，延缓劈裂。温室前脸的这根竹竿一般较粗，受光面大，温度变化大，热胀冷缩剧烈,因此也较容易劈裂。用布条将其缠绕包裹起来以后,阻隔了阳光直射,也就减少了竹竿表面及内部的温差,从而延缓了劈裂发生。同时还可减少棚膜与竹竿的摩擦以及竹竿上的突出物对棚膜的破坏,一般来说用颜色较浅的布条包裹最好。二是用旧薄膜或旧水带将其覆盖住。由于温室内湿度大,薄膜上长期有水存在,而这根竹竿正好在前脸弯折处,膜上流下来的水因被竹竿阻隔就都通过竹竿向下流,如果竹竿有裂口,水就会进入竹竿中间的空间里,时间长了竹竿就被泡烂了,同时水中产生的一些藻类会分解竹竿,加速竹竿的霉烂。用旧薄膜将其包裹起来,或者将旧水带从一边剪开后垫在膜与竹竿中间,就可减少水进入竹竿的机会,从而延缓竹竿寿命。

由于老龄温室大多不使用卷帘机,可将前脸这道横竹竿用两道粗钢丝替换,或者用水泥立柱代替竹竿,两者的耐用程度均比竹竿好,但费用要高一些。

3. 对温室地锚埋设的三点建议

一是要选用质量好的地锚钢筋。在温室建造中,地锚应该是一次埋设,多年使用。地锚钢筋埋入土中一段,在外面暴露一段,容易生锈,因此用于制作地锚的钢筋必须质量要好,经久耐用,不生锈。

二是注意地锚坑的深度。地锚埋设牢不牢固,关键看地锚埋得有多深。显然地锚埋设越浅,越不牢固,越容易被拔出。埋设地锚的深度至少应达到0.5米,且必须是硬实的土层,若土层疏松,可采取先埋入一部分地锚,而后浇水沉实,然后再填土夯实。

三是地锚使用前,再横放一根废旧立柱,加强牢固性。温室棚面钢丝较多,所需地锚数量也多,为了进一步提高地锚的牢固性,埋设前在地锚内侧横放一根废旧立柱,让地锚钢丝贴在立柱上,与温室墙面隔开。此种做法还便于使用紧线机,连接钢丝与地锚线。

(二)六立柱114型日光温室

1. 结构参数

温室下挖1.0米,总宽15.4米,后墙外墙高3.4米,山墙外墙顶高4.7米,墙下体厚4米,墙上体厚1.8米,走道加水沟宽0.6米,种植区宽10.8米。结构为土压墙体,钢筋竹竿混合式拱架。

立柱6排,一排立柱(后墙立柱)长6.1米,地上高5.3米,至二排立柱距离1米。二排立柱长6.3米，地上高5.5米，至三排立柱距离2米。三排立柱长6.1米，地上高5.3米，至四排立柱距离2.6米。四排立柱长5.3米，地上高4.5米，至五排立柱距离2.8米。五排立柱长4米，地上高3.2米，至六排立柱距离3米。六排立柱(前立柱)长1.8米，地上高1米。

采光屋面平均角度23.1°左右，后屋面仰角45°。前立柱与第五排立柱之间、第五排立柱与第四排立柱之间和第四排立柱与第三排立柱之间的平均切线角度，分别是36.3°、24.9°和17.1°左右。

2. 剖面结构图 见图7。

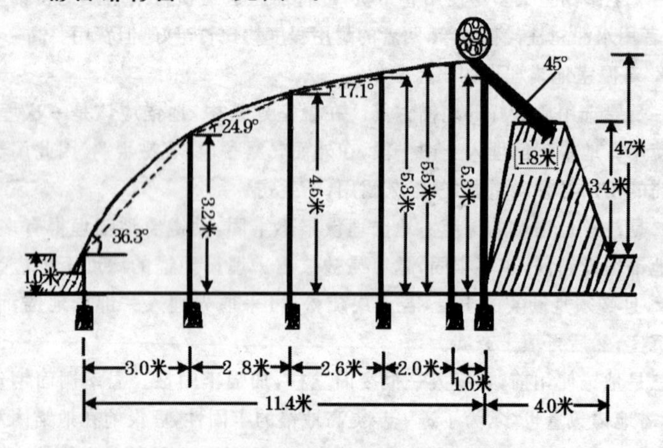

图7 六立柱114型日光温室结构图示

3. 建 造

(1)建造墙体 墙体建造基本同六立柱102型日光温室。地平面以上墙体高度为3.4米，一般需要8～10层土，每层土都要反复碾压，轧一层用挖掘机再抓一层土。如此反复，一直把墙体碾压到要求高度。把反复压实的墙体雏形用推土机将上口推平，后墙体外墙高度为3.4米。沿墙内侧先划好线，用挖掘机切去多余的土，随切随平整地面。墙体后坡形成自然坡。墙体建成后，后墙基

4 米，上口宽 1.8 米。东、西山墙也按相同方法砌好，两山墙顶部靠近后墙中心向南 2.4 米处再起高 1.3 米，建成山墙山顶。山顶向南 0.6 米、2.6 米、5.2 米、8 米处高度分别为 4.5 米、4.3 米、3.5 米、2.2 米，使山顶以南呈拱形面，以北呈斜形面。砌完后形成半地下式温室，温室地面低于地平面 1 米，反复整平温室地面后，阳土回棚。温室前约 3 米宽的地面也要推平，低于地平面 60 厘米，高于温室地平面 40 厘米。墙体内侧的多余墙土要切齐，为使墙体牢固，内侧墙面与地面要有一个倾斜角，一般轻壤土为 80°较为适宜，砂壤土可掌握在 75°～80°。温室地平面用旋耕犁旋耕 1～2 次后整平、整细。后墙的外侧采用自然坡形式，坡面要整平。

(2)埋设立柱

①规划布线　同六立柱 102 型日光温室。

②定"标尺"　"标尺"是指用于其他立柱埋设时参照的标准立柱。一般是以温室东西两端的立柱作为"标尺"。六立柱 114 型日光温室后墙内高 4.4 米，选用的各排立柱高度分别为：第一排加重立柱 6.1 米(偏北斜 10°～15°)、第二排加重立柱 6.3 米(直立)、第三排立柱 6.1 米(偏南斜 3°)、第四排立柱 5.3 米(偏南斜 5°)、第五排立柱 4.0 米(偏南斜 5°)。在选好立柱之后，再根据布线图，分别把温室东西两端的两列立柱埋设好即可。立柱的下埋深度均为 80 厘米。

③分次埋柱　同六立柱 102 型日光温室。

(3)处理后坡

①埋设后砌柱　在整平温室后墙顶部后，东西向拉线，分别确定后砌柱的埋设点。先将温室内后墙根处的第一排立柱埋设好，而后分别再把温室东端和西端的两根后砌柱(每根长 2 米)摆放在第一排立柱之上，并稍加固定，待确定好其与水平线的夹角后，再把后砌柱埋设后，并用铁丝将其与第一排立柱相连接。然后，在埋设好的两根立柱下方，东西向拉一条工程线，以作参照。其余后砌

柱便按照同样的方法，依次埋设好即可。后砌柱的一端要探出第一排立柱约 56.5 厘米，以备安装温室骨架。后砌柱的另一端埋入墙内约 20 厘米。

②铺拉钢丝　同六立柱 102 型日光温室。

③覆盖保温、防水材料　第一步，选一宽为 5～6 米、与温室同长的塑料薄膜，一边先用土压盖在距离后墙边缘 20 厘米处，而后再将其覆盖在"后屋面"的钢丝温室棚面上。温室棚面顶部可再东西向拉一条钢丝，固定塑料薄膜的中间部分。第二步，把事先准备好的草苫或苇箔等保温材料(1.8 米宽)依次加盖其上，注意保温材料的下边缘要在塑料薄膜之上。第三步，为防雨雪浸湿保温材料，需再把塑料薄膜剩余部分"回折"到草苫和毛毡之上。

④上土　同六立柱 102 型日光温室。

⑤护坡　同六立柱 102 型日光温室。

(4)处理前坡

①建造前坡面　同六立柱 102 型日光温室。

②架置横杆和拱杆　在前斜立柱上端槽口处顺东西方向依次绑好横杆，横杆是直径 5 厘米的钢管。同时，绑好南北坡向的拱杆，拱杆是用长 13.4 米左右、直径 5 厘米的钢管。拱杆应呈拱形，并紧紧嵌入各排立柱顶端的槽口中，用 12 号铁丝穿过立柱槽口下边备制孔，把拱杆绑牢固。拱杆与横杆衔接处要整平整，并用废旧塑料薄膜或布条缠起来，以防扎坏棚膜。绑好后的所有拱杆必须保证在同一拱面上。

③上前坡钢丝　同六立柱 102 型日光温室。

④绑垫杆　同六立柱 102 型日光温室。

⑤粘接塑料棚膜　一般选用 4 块幅宽 3 米加 1 块幅宽 2 米、厚度 0.12 毫米的聚氯乙烯无滴膜，热压缝 5 厘米粘成整体棚膜，在整体棚膜覆盖顶部的一边粘上一道 2 厘米的"裤"，"裤"里穿上 22 号钢丝，以备覆盖棚膜后，通过东西拉紧钢丝，固定天窗通风口

的宽度,防止棚膜松动。在“裤”下方 8 米处再粘合一道“裤”,“裤”里穿上 22 号钢丝,作为下通风口的固定钢丝用,以防止下通风口通风时棚膜松动。另用 2～3 米宽与温室一样长的塑料膜,在一个边都粘合上一道 2 厘米宽的“裤”,穿上 22 号钢丝,作为盖敞天窗通风口用。

⑥覆盖棚膜　选择晴朗、无风、温度较高的天气,于中午进行覆膜。在覆膜之前先把塑膜抻直晒软,然后用长 7 米、直径 5～6 厘米的 4 根竹竿,分别卷起棚膜的两端,再东、西同步展开放到温室前坡架上。当温室屋顶和前缘的人员都抓住棚膜的边缘,并轻轻地拉紧对准应盖置的位置后,两端的人员开始抓住卷膜杆向东、西两端方向拉棚膜,把棚膜拉紧后,随即卷膜竹竿分别绑于山墙外侧地锚的钢丝上。在覆盖棚膜时,由上坡往下坡展顺膜面,在顶部留出 80～100 厘米宽与温室等长的天窗通风口不盖整体膜。整体棚膜覆盖后,随即覆盖天窗通风口敞盖膜,将其有“裤鼻”的一边在南边(即天窗通风口南边),先把穿在“裤鼻”里的 14 号钢丝联同薄膜一块轻轻地伸展开,当此膜压在整体膜上方靠南 20 厘米处(即盖过天窗通风口),拉紧固定在两山墙地锚上。后边盖过温室棚脊并向后盖过后坡将其拉紧,用泥把盖在后坡及温室棚脊上的一边压住,并用泥糊严。在此通风口钢丝上分段设置上 5～6 组(三间长设 1 组,每组 3 个滑轮)敞盖天窗膜的滑轮,以便于顶部通风用。

⑦上压膜线　同六立柱 102 型日光温室。

⑧上草苫　参阅六立柱 102 型日光温室。

(三)七立柱 121 型日光温室

1. 结构参数　七立柱钢木混合结构日光温室,下挖 1 米,总宽 16.1 米,后墙外墙高 3.7 米,后墙内墙高 4.7 米,山墙外墙顶 5 米,墙下体厚 4 米,墙上体厚 1.5 米,内部南北跨度 12.1 米。走道设在温室内最南端(与其他棚型相反),也可设在温室内北端,走道加水沟宽 0.6 米，种植区宽 11.5 米。

立柱 7 排，一排立柱（后墙立柱）长 6.4 米，地上高 5.6 米，至二排立柱距离 1 米。二排立柱长 6.6 米，地上高 5.8 米，至三排立柱距离 2 米。三排立柱长 6.4 米，地上高 5.6 米，至四排立柱距离 2 米。四排立柱长 5.8 米，地上高 5 米，至五排立柱距离 2.2 米。五排立柱长 5 米，地上高 4.2 米，至六排立柱距离 2.4 米。六排立柱长 3.8 米，地上高 3 米，至七排立柱距离 2.5 米。七排立柱（戗柱）长 1.8 米，地上与棚外地平面持平，高 1 米。

采光屋面平均角度为 23.1°左右，后屋面仰角 45°。前立柱与六排立柱间、六排立柱与五排立柱间、五排立柱与四排立柱间和四排立柱与三排立柱间的平均切线角度，分别是 38.7°、26.6°、20°和 16.7°左右。

2. 剖面结构图　见图 8。

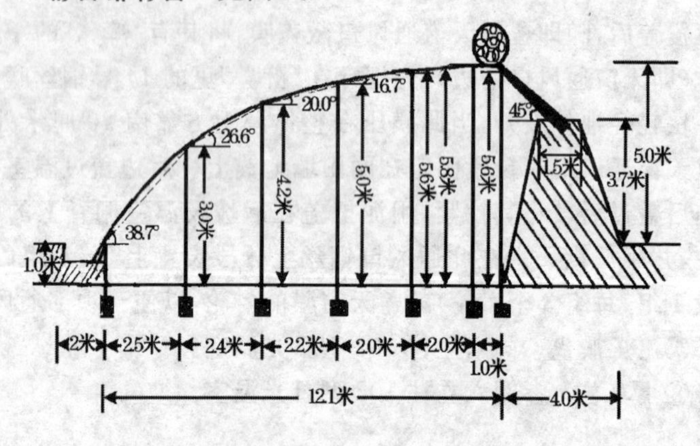

图 8　七立柱 121 型日光温室结构图示

3. 建　造

(1)建造墙体　墙体建造基本同六立柱102型日光温室。地平面以上墙体高度为3.7米,一般需要10～12层土,每层土都要反复碾压,压一层用挖掘机再抓一层土。如此反复,一直把墙体碾压到要求高度。把反复压实的墙体雏形用推土机将上口推平,后墙体外墙高度为3.7米。沿墙内侧先划好线,用挖掘机切去多余的土,随切随平整地面。墙体后坡形成自然坡。墙体建成后,墙基4米,上口宽1.5米。东、西山墙也按相同方法砌好,两山墙顶部靠近后墙中心向南2.4米处再起高1.3米,建成山墙山顶。山顶向南0.6米、2.6米、4.6米、6.8米、9.2米处山墙高度分别为4.8米、4.6米、4米、3.2米、2米,使山顶以南呈拱形面,以北呈斜形面。砌完后形成半地下式温室,温室地面低于地平面1米,反复整平温室地面后,阳土回棚。温室前约3米长的地面也要推平,低于地平面60厘米,高于温室地平面40厘米。墙体内侧的多余墙土要切齐,为使墙体牢固,内侧墙面与地面要有一个倾斜角,一般轻壤土倾斜角以80°较为适宜,砂壤土可掌握在75°～80°。温室地平面用旋耕犁旋耕1～2次后整平、整细。后墙的外侧采用自然坡形式,坡面要整平。

(2)埋设立柱

①规划布线　参阅六立柱102型日光温室。

②定"标尺"　"标尺"是指用于其他立柱埋设时参照的标准立柱。一般是以温室东西两端的立柱作为"标尺"。温室后墙内高4.7米,选用的各排立柱高度分别为:第一排加重立柱6.4米(偏北斜10°～15°)、第二排加重立柱6.6米(直立)、第三排立柱6.4米(偏南斜3°)、第四排立柱5.8米(偏南斜3°)、第五排立柱4.8米(偏南斜5°)、第六排立柱3.8米(偏南斜5°)、第七排立柱(戗柱)1.8米。在选好立柱之后,再根据布线图,分别把温室东西两端的两列立柱埋设好即可。立柱的下埋深度均为80厘米。

③分次埋柱　参阅六立柱 102 型日光温室。

(3)处理后坡

①埋设后砌柱　参阅六立柱 114 型日光温室。

②铺拉钢丝　参阅六立柱 114 型日光温室。

③覆盖保温、防水材料　参阅六立柱 114 型日光温室。

④上土　参阅六立柱 102 型日光温室。

⑤护坡　参阅六立柱 102 型日光温室。

(4)处理前坡

①建造前坡面　参阅六立柱 102 型日光温室。

②架置横杆和拱杆　在前斜立柱上端槽口处顺东西方向依次绑好横杆，横杆是直径 5 厘米的钢管。同时绑好南北坡向的拱杆，拱杆是用长 14.2 米左右、直径 5 厘米的钢管。拱杆应呈拱形，并紧紧嵌入各排立柱顶端的槽口中，用 12 号铁丝穿过立柱槽口下边备制孔，把拱杆绑牢固。拱杆与横杆衔接处要整平整，并用废旧塑料薄膜或布条缠起来，以防扎坏棚膜。绑好后的所有拱杆必须保证在同一拱面上。

③上前坡钢丝　参阅六立柱 102 型日光温室。

④绑垫杆　参阅六立柱 102 型日光温室。

⑤粘接塑料棚膜　一般选用幅宽 3 米、厚度 0.12 毫米的 5 块聚氯乙烯无滴膜，热压缝 5 厘米粘成整体棚膜，在整体棚膜覆盖顶部的一边粘上一道 2 厘米的“裤”，“裤”里穿上 22 号钢丝，以备覆盖棚膜后，通过东西拉紧钢丝，固定天窗通风口的宽度，防止棚膜松动。在“裤”下方 8 米处再粘合一道“裤”，“裤”里穿上 22 号钢丝，作为下通风口的固定钢丝用，以防止下通风口通风时棚膜松动。另用 2～3 米宽与温室一样长的塑料膜，在一个边都粘合上一道 2 厘米宽的“裤”，穿上 22 号钢丝，作为盖敞天窗通风口用。

⑥覆盖棚膜　选择晴朗、无风、温度较高的天气，在中午进行覆膜。在覆膜之前先把塑膜抻直晒软，然后用长 7.5 米、直径 5～

6 厘米的 4 根竹竿，分别卷起棚膜的两端，再东、西同步展开放到温室前坡架上。当温室屋顶和前缘的人员都抓住棚膜的边缘，并轻轻地拉紧对准应盖置的位置后，两端的人员开始抓住卷膜杆向东西两端方向拉棚膜，把棚膜拉紧后，随即卷膜竹竿分别绑于山墙外侧地锚的钢丝上。在覆盖棚膜时，由上坡往下坡展顺膜面，在顶部留出 80～100 厘米宽与温室等长的天窗通风口不盖整体膜。整体棚膜覆盖后，随即覆盖天窗通风口敞盖膜，将其有“裤鼻”的一边在南边（即天窗通风口南边）先把穿在裤鼻里的 14 号钢丝联同薄膜一块轻轻地伸展开，当此膜压在整体膜上方靠南 20 厘米处（即盖过天窗通风口），拉紧固定在两山墙地锚上。后边盖过温室棚脊并向后盖过后坡将其拉紧，用泥把盖在后坡及温室棚脊上的一边压住，并用泥糊严。在此通风口钢丝上分段设置 5～6 组（三间长设 1 组，每组 3 个滑轮）敞盖天窗膜的滑轮，以便于顶部通风用。

⑦上压膜线　参阅六立柱 114 型日光温室。

⑧上草苫　参阅六立柱 114 型日光温室。

特别提醒：新建日光温室应把人行道挪个地方

一直以来，菜农都习惯于把人行道设置在日光温室的后墙根处。这是因为刚开始的日光温室建得较矮，尤其是日光温室前端，还不足 1.5 米高。在这种情况下，如将人行道设置在日光温室前侧，人在此处走动头都抬不起来，非常不方便，只好将其设置在北侧后墙根处。但在日光温室越建越高的今天，日光温室南端已达 2.5 米高，不少地方仍把人行道设置在北侧，这是不科学的，也是不划算的。日光温室前脸处由于温度较低，此处蔬菜的产量常常仅是日光温室里面的 1/3，如果把这个最冷的地方倒出来当做人行道，把温室内温度高、蔬菜长势最好的日光温室北侧用于种菜，那么日光温室的整体效益肯定会有所提高。不少菜农已经意识到这个问题，把人行道改过来，提高了温室效益。有的菜农还根据实际情况，在深冬期棚温较低时，把人行道与人行道北侧的蔬菜用棚膜隔起来，从而提高了日光温室南侧蔬菜的温度，取得了好的效益。

笔者建议将人行道改在南侧的同时，日光温室前脸土层最好铺设水泥板。具体做法是:将温室前脸砌平整,并保持一定的向南倾斜的角度,避免水泥板向内倒。待全部铺设好以后,水泥板顶部和缝隙用水泥封住,避免膜上流下来的积水渗进水泥板底部造成空洞。这种方法既可避免温室前脸过湿、滋生杂草,同时在夏天即使掀开温室前脸薄膜通风,雨水灌了也不至于让温室前脸土层坍塌。

(四)单立柱 98 型日光温室

1. 结构参数 单立柱钢筋骨架结构日光温室,下挖 1 米,总宽 13.8 米,内部南、北跨度 9.8 米,后墙外墙高 3.8 米,后墙内墙高 4.8 米,山墙外墙顶高 4.2 米,墙下体厚 4 米,墙上体厚 1.5 米。走道加水沟宽 0.6 米,种植区宽 9.2 米。

该型温室仅有后立柱,种植区内无立柱。后立柱地上高 5.0 米。

采光屋面参考角平均角度 23.2°左右,后屋面仰角 45°左右。前窗与距前窗檐 2.5 米处、距前窗檐 2.5 米处与距前窗檐 4.9 米处、距前窗檐 4.9 米处与距前窗檐 7.1 米处的平均切线角度分别为 35.8°、24.6°、17.7°。

2. 剖面结构图 见图 9。

3. 建 造

(1)建造墙体 墙体建造基本同六立柱 102 型日光温室。地平面以上墙体高度为 3.8 米,一般需要 8~10 层土,每层土都要反复碾压,压一层用挖掘机再抓一层土。如此反复,一直把墙体碾压到要求高度。把反复压实的墙体雏形用推土机将上口推平,后墙体外墙高度为 3.8 米。沿墙内侧先划好线,用挖掘机切去多余的土,随切随平整地面。墙体后坡形成自然坡。墙体建成后,墙基 4 米,上口宽 1.5 米。东、西山墙也按相同方法砌好,两山墙顶部靠近后墙内侧上向垂直线处再起高 0.4 米,建成山墙山顶。山顶向南 2.7 米、4.9 米、7.3 米处高度分别为 3.6 米、2.9 米、1.8 米,使

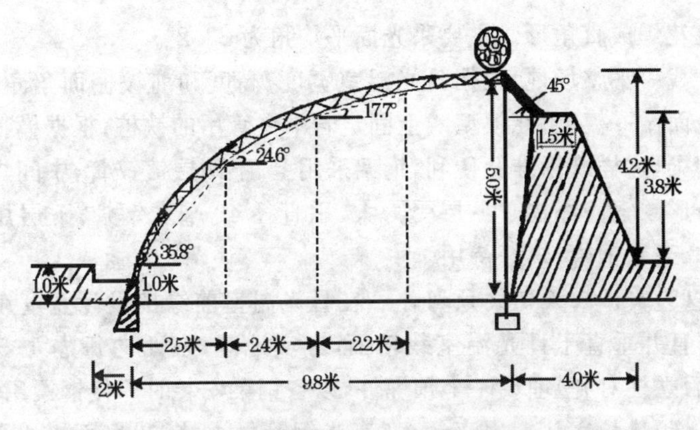

图 9　单立柱 98 型日光温室结构图示

山顶以南呈拱形面，以北呈斜形面。砌完后形成半地下式温室，温室地面低于地平面 1 米，反复整平温室地面后，阳土回棚。温室前约 3 米宽的地面也要推平，低于地平面 60 厘米，高于温室地平面 40 厘米。墙体内侧的多余墙土要切齐，为使墙体牢固，内侧墙面与地面要有一个倾斜角，一般轻壤土的倾斜角以 80°较为适宜，沙壤土可掌握在 75°～80°。温室地平面用旋耕犁旋耕 1～2 次后整平、整细。后墙的外侧采用自然坡形式，坡面要整平。

(2)预制墙顶　墙体砌好后，从顶部内缘平铺一层 0.06 厘米的塑料薄膜，一直铺到外墙底部，以防止漏雨浸垮墙体。在内墙墙缘向北 0.6 米处，东西向每 1.5 米埋一块预埋铁，以备焊接铁梁用。

(3)埋设后立柱基座　每隔 1.5 米在紧靠后墙体内侧挖一个 0.3 米×0.3 米×0.4 米深的坑预制水泥基座，并下预埋铁以便焊接后立柱用。

(4)焊制钢架拱梁　温室内每隔 1.5 米设钢架拱梁 1 架，100 米温室共计 66 架拱梁。焊制前坡拱梁要选取国标直径 40 毫米镀锌管与直径 33 毫米镀锌管焊成双弦(或 3 弦)拱架，用 6.5 毫米钢筋拉花焊成直角形。主要采光面平均角为23.2°。

找一平整场地，根据日光温室宽度、高度和前坡棚面角角度，在地面做一模型，在模型线上固定若干夹管用的铁桩，根据模型焊制钢梁，这样既标准又便利，钢架采用上、下两层镀锌管，中间焊接三角形圆钢支撑柱。上层受力大，用直径40毫米钢管；下层用直径33毫米钢管，焊好待用。

（5）前沿埋设钢梁预埋件　在日光温室前缘按设计宽度东西向切直并垂直于日光温室栽培面，夯实地基，东西向每隔1.5米（与后立柱对齐）埋设一个预埋件，以备钢梁安装时焊接钢梁用。

（6）焊接立柱　用直径83毫米钢管做立柱，栽培面以上5.0米，东西向每隔1.5米1根焊接于立柱基座上，焊接时向向北倾斜5°，加大支撑后坡的压力与重力，立柱上端顺前坡方向焊接7厘米长的5×5(5厘米×5厘米，下同)角铁一块。

（7）制后坡上棚架　截取1米长5×5角铁1根，在立柱顶端向下0.9米处南北焊接，南端焊在立柱上，北端焊在后墙预埋件上。再截取1根1.8米长5×5角铁，上端焊在立柱顶端，下端焊接在后墙预埋件上，后坡形成等腰三角形（即后坡角度为45°），在顺东西向沿立柱上端外侧，焊接1根5×5角铁，东西两端焊接于两山墙预埋件上，以此向下在1.8米长的角铁上等间距焊接2根相同的角铁，后坡焊好后即可上拱梁，拱梁南北向后端焊接与立柱顶端5×5角铁上，下沿焊于立柱上，前端焊接于前缘预埋件上（注意一定要使钢梁向下垂直地面，南北向垂直于后墙）。

（8）拉钢丝　拉钢丝的方法同六立柱102型日光温室。

（9）上后坡　在北纬34°～38°之间，后坡保温采用10厘米厚聚氨酯泡沫板，长度以上端能扣在上部角铁内、下部放在后墙顶部为宜。为节约建棚费用，34°以南地区由于天气寒冷程度较小，保温板可适当薄一些，而38°以北地区还要加厚。保温板铺好后放一层10厘米厚的钢网、水泥预制板，也可用水泥板替代预制板，但是水泥板易开裂不利于防水。

(10)覆盖棚膜和上草苫　膜下垫杆捆扎，覆盖棚膜和上草苫方法同六立柱 102 型日光温室。

(五)单立柱 110 型日光温室

1. 结构参数　单立柱钢筋骨架结构日光温室，下挖 1 米，总宽 15 米。内部南北跨度 11 米，后墙外墙高 4.3 米，后墙内墙高 5.3 米，墙下体厚 4 米，墙上体厚 1.5 米，山墙外墙顶高 4.7 米，走道和水渠设在温室内最北端，走道加水沟宽 0.6 米，种植区宽10.4 米。

该型温室仅有后立柱，种植区内无立柱。后立柱地上高 5.5 米。

采光屋面参考角平均角度 23.1°左右，后屋面仰角 45°左右。前窗与距前窗檐 3 米处、距前窗檐 3 米处与距前窗檐 5.8 米处、距前窗檐 5.8 米处与距前窗檐 8.4 米处的平均切线角度分别为 36.3°、24.9°、17.1°。

2. 剖面结构图　见图 10。

3. 建　造

(1)建造墙体　墙体建造基本同六立柱 102 型日光温室。地平面以上墙体高度为 4.3 米，一般需要 10～12 层土，每层土都要反复碾压，压一层用挖掘机再抓一层土，如此反复，一直把墙体碾压到要求高度。把反复压实的墙体雏形用推土机将上口推平，后墙体外墙高度为 4.3 米。沿墙内侧先划好线，用挖掘机切去多余的土，随切随平整地面。墙体后坡形成自然坡。墙体建成后，后墙基 4 米，上口宽 1.5 米。东、西山墙也按相同方法砌好，两山墙顶部靠近后墙内侧上向垂直线处再起高 0.4 米，建成山墙山顶。山顶向南 2.6 米、5.2 米、8 米处高度分别为 4.3 米、3.5 米、2.2 米，使山顶以南呈拱形面，以北呈斜形面。切完后形成半地下式温室，

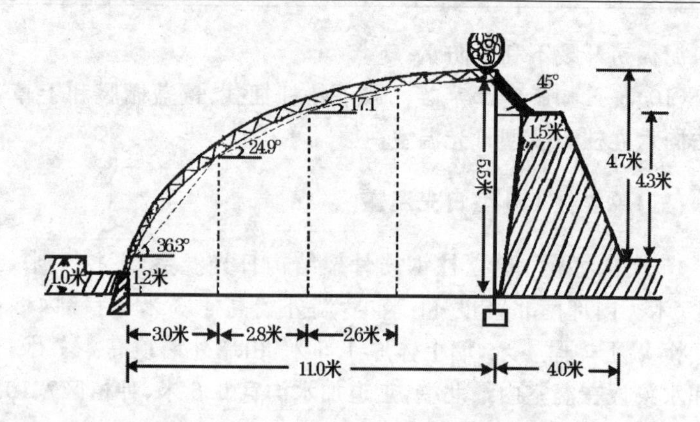

图 10　单立柱 110 型日光温室结构图示

温室地面低于地平面 1 米,反复整平温室地面后,阳土回棚。温室前约 3 米宽的地面也要推平,低于地平面 60 厘米,高于温室地平面 40 厘米。墙体内侧的多余墙土要切齐,为使墙体牢固,内侧墙面与地面要有一个倾斜角,一般轻壤土倾斜角以 80°较为适宜,砂壤土可掌握在 75°～80°。温室地平面用旋耕犁旋耕 1～2 次后整平、整细。后墙的外侧采用自然坡形式,坡面要整平。

(2)预制墙顶　参阅单立柱 98 型日光温室。

(3)埋设后立柱基座　参阅单立柱 98 型日光温室。

(4)焊制钢架拱梁　温室内每隔 1.5 米设钢架拱梁 1 架,100 米温室共设 66 架拱梁。焊制前坡拱梁要选取国标直径 40 毫米镀锌管与直径 33 毫米镀锌管焊成双弦(或 3 弦)拱架,用 6.5 毫米钢筋拉花焊成直角形。主要采光面平均角为 23.1°。找一平整场地,根据日光温室宽度、高度和前坡棚面角角度在地面做一模型,在模型线上固定若干夹管用的铁桩,根据模型焊制钢梁,这样既标准又便利。钢架采用上、下两层镀锌管,中间焊接三角形圆钢支撑柱,上层受力大,可用直径 40 毫米钢管,下层用直径 33 毫米钢管,焊好待用。

(5)前缘埋设钢梁预埋件　参阅单立柱98型日光温室。

(6)焊接立柱　用2.5寸钢管做立柱，栽培面以上高5.5米，东西向每隔1.5米1根焊接于立柱基座上，焊接时向北倾斜5°，加大支撑后坡的压力与重力，立柱上端顺前坡方向焊接7厘米长的5×5角铁一块。

(7)制后坡上棚架　参阅单立柱98型日光温室。

(8)拉钢丝　拉钢丝的方法同六立柱114型日光温室。

(9)上后坡　参阅单立柱98型日光温室。

(10)覆盖棚膜和上草苫　膜下垫杆捆扎，覆盖棚膜和上草苫同六立柱114型日光温室。

三、日光温室保温覆盖形式

(一)日光温室保温覆盖的主要方法

1. 塑料薄膜(浮膜)+草苫+日光温室薄膜　该覆盖形式简称“两膜一苫”覆盖形式，在寿光市统称日光温室浮膜保温技术。浮膜覆盖，是日光温室深冬生产蔬菜时，傍晚放草苫后在草苫上面盖上一层薄膜，周围用装有少量土的编织袋压紧。这种浮膜一般用聚乙烯薄膜，幅宽相当于草苫的长度，浮膜的长度相当于日光温室的长度，厚度为0.07～0.1毫米。

该覆盖形式具有以下3个优点：①保温效果好，深冬夜间温室内温度浮膜比不浮膜的高出2℃～3℃。②草苫得到保护，盖浮膜的日光温室比不盖的草苫能延长使用1～2年。③减轻劳动强度，过去在冬季夜晚，如果遇到雨雪天气，都要冒雨、冒雪到日光温室上把草苫拉起，防止雨水浸湿草苫或雪无法清除，如果盖上浮膜后再遇到雨雪天，可放心地在家休息。

目前浮膜大都是普通的塑料膜，保温性能较差。寿光市菜农在实践中发现黑白双色浮膜效果较好。这种浮膜正面为黑色,反面为白色,其优点是:该浮膜正面为黑色,太阳出来后,吸热快,浮膜上的霜冻融化得也快,能赶早拉起草苫来,增加温室内的光照时间,可提高温室温度,有利于蔬菜的生长。此外,该膜要比一般棚膜厚,抗拉性强,耐老化,价格较低。

浮膜的覆盖方式:对于没有固定的浮膜,菜农都是在盖草苫之后将浮膜从温室前脸拉到棚面上进行覆盖,然后要用大量的沙袋将浮膜的上侧压好,防止北风将浮膜吹下,这样覆盖浮膜时劳动量大,防风效果也不好,尤其冬季遇到雨雪天气,多是伴随东北风或北风,一旦浮膜被风吹起,容易使草苫最上端被雨雪淋湿。但是当雪下得较小时便于扫雪,只要将浮膜拽下,雪就会被一起拽下。当第二天揭草苫时再将棚膜撤到温室前脸即可。

这种浮膜方式,菜农最好在棚的后坡固定一块宽 2 米左右的薄膜,当将浮膜覆盖到日光温室上后,再将固定在后坡上的薄膜放下,与浮膜有 1.5 米左右的重叠即可,这样就可不用沙袋压在浮膜上侧,只需用沙袋将浮膜东西两侧压好即可。

对于固定在日光温室后坡上的棚膜,可在后坡上挖一条宽 15 厘米、深 8 厘米左右的小沟,将浮膜的上端用土埋在小沟内固定好。这种方法有利于防风,且盖草苫后直接将浮膜拉下覆盖在草苫上,当遇到雨雪天气时,也不会出现淋湿草苫的情况。第二天揭草苫时,需将浮膜弄到后坡上,劳动量大,若晚上下霜较大时,就会增加浮膜的重量,需等棚膜上的霜化去才便于将浮膜弄起。

但是从总体上看,还是将浮膜固定在日光温室后坡上的防风雪性能更好。

这项技术起源于寿光市三元朱村,在寿光市农业科技人员的倡导下,得到了很好的推广,目前寿光市 90%的日光温室用上了这项技术。

2. 塑料薄膜(浮膜)+草苫+日光温室薄膜+保温幕 该覆盖

形式是在“两膜一苫”覆盖形式的基础上，在日光温室内再增加一层活动的薄膜棚，利用两层农膜把温室内热量积聚起来，不易散发，从而提高保温性能，可较单一的“两膜一苫”覆盖形式提高温度3℃～5℃。这种保温覆盖形式主要用于深冬季节，特别是出现连续阴雪天气时使用，其他季节一般不用。寿光市菜农称该覆盖形式为“棚中棚”。

(1)“棚中棚”具体建造方法　在温室内吊蔓钢丝的上部再覆上一层薄膜(简称二层保温膜)，二膜覆上后用夹子将其固定；在日光温室前端距棚膜50厘米处，顺着日光温室膜的走向设膜挡住；在日光温室后端种植作物北边上下扯一层薄膜，其高度与上部膜一致，该膜不固定，以便于通风排湿。

(2)“棚中棚”的管理　晴天拉开草苫，当温室内温度不再明显下降时，要及时拉开二层内棚，寒流过后可把内棚全放开，以增加光照。“棚中棚”在管理中应注意早上不宜过早通风，在温室内见光1小时后再考虑通风，一是增加光合作用强度，提高温室内二氧化碳利用率，使光合作用顺利进行；二是晚通风，升温快，能降低温室内湿度，达到减轻病害的目的。遇连续阴雨雪天，温室内以保温为主，可不通风，但天气突然放晴时，要注意拉花帘、缓慢通风，以免植株适应不了外界条件而出现萎蔫，从而发生死棵现象。

(3)常规法设置二层保温膜的弊端与改进　二层保温膜直接覆盖在吊蔓钢丝上边虽然简便，省时省力，但带来了不少弊端。一是影响了温室内蔬菜正常采光。温室内二膜与吊蔓钢丝是在一个水平面上的，设置二层保温膜虽然提高了温度，但是也降低了棚膜透光率，弊大于利。最理想的效果是，太阳垂直照射到棚面，入射角为零，反射角也为零，透过的光照强度才最大。简单地说，要使采光、升温与种植面积较好地结合起来，不能采用这种平面覆盖的方法。二是容易让二膜积水，加大温室内湿度，易引发病害。二层保温膜直接平铺在吊蔓钢丝上边之后，温室棚膜即使是无滴膜，但也经常有滴水现象，时间一长，棚膜滴下的水滴都汇聚在钢丝上边的二层保温膜上，造成积水严重，导致温室内空气湿度加大，病害发生严重。因此，建议菜农要及时调整这种设置二层保温膜的方法，应在温室通风口处的立柱上（在吊蔓钢丝上方1米左右）设置一根钢丝，然后将二层保温膜一端扯在上面，另一端扯在温室前缘处，向下的二层保温膜拉紧并固定在温室前沿湿土上。二层保温膜平面基本与温室面相平行。这样，不仅可以将积水引到温室前缘的土壤上，而且大大提高了棚膜透光率，更利于冬季蔬菜生产。

特别提醒：二层保温膜的选购要点

二层保温膜的选购标准和温室棚膜不一样，在选择时要仔细辨别，防止买回劣质的二层保温膜。选购时注意如下三点：①要选择聚乙烯为原料的优质二层薄膜。这种膜的厚度为0.03～0.04毫米，宽度3～5米不等，透光率为90%以上，覆盖后膜上不会产生水珠，温室内只有雾状水气，如温室内采用地膜覆盖后雾状水气就可很快消失。这种膜的使用寿命比普通膜要长得多，如保管得当，第二年仍可使用。②用手摸膜外表看其是否光滑。二层保温膜表面光滑，说明其中添加的再生料比较少，这样的膜质量好。一般来说，添加的再生料不易熔化，在生产膜时易在表面聚集呈颗粒状，生产二层保温膜时添加的再生料越多，用手触摸到的颗粒状物体就越多，这样的膜不仅容易破裂，而且使用后容易产生气害。③看二层保温膜的透光性。将二层薄膜迎着太阳光看，检查二层保温膜上是否存在黑色的线条，黑色的线条是生产厂家在生产中无法碾平的再生料残留物，如果这样的黑线较多，其透光性会大大下降，应谨慎购买。

3. 日光温室前脸设置三幅保温膜

不少有经验的菜农，在温室内设置了二膜（“棚中棚”），效果良好。可是，温室前脸处由于没有墙体的保护，到了夜间，易与外界空气和土层发生热量交换，使得该处降温幅度较大，不利于蔬菜秧苗的正常生长。在温室前脸处设置三幅保温膜，能够很好地解决这一问题。

（1）第一幅膜的设置　设置在最靠近温室前脸棚膜处，两者间距10厘米左右。该幅膜采用幅宽为1.6米的白色地膜即可。在温室前脸处，先东西向拉一根细钢丝，注意要在垫杆下方。而后，将薄膜的上边缘用胶带粘在钢丝上，上下拉紧后，用土将其下边缘压住。该膜的作用，一是可阻隔顺着棚膜流淌下来的水滴蒸发，降低温室内的湿度；二是形成隔层，减少温室内外的热量交换。

(2)第二幅膜的设置　第二幅膜设置位置在第一幅的内侧，两膜间隔10厘米左右。该幅膜与温室内的二膜(即设置在温室内吊蔓钢丝上的保温膜)一并设置。同样，温室前脸处的二膜直接依次固定在南北向吊蔓钢丝上，其下边缘也用土压住即可。设置好温室内二膜后，蔬菜秧苗就等于处在一间平房内，增强了保温性。

(3)第三幅膜的设置　该膜处在二膜的内侧，为了设置方便，需用竹条搭设拱架，即竹条一头插在土里，另一头弯向北侧，最后捆绑在温室内立柱上。待竹条搭设好，便可在其上覆盖第三幅保温膜，上边缘用胶带粘，下边缘用土压。该幅膜最好做成可活动式的，这样白天可撤下提温，夜间可覆上保温。

具体设置方法见图11。

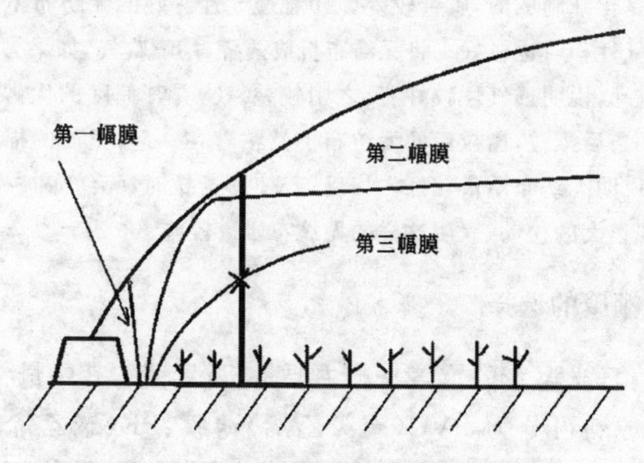

图11　日光温室前脸设置三幅保温膜图示

4. 温室外前脸处挂无纺布保温 温室前脸处一般较冷，为了保温，可在温室外前脸处设置一块无纺布，白天可撤下来，盖草苫前再盖上。其具体操作：在无纺布一边东西向扯一根钢丝，在钢丝上拴一些挂钩，盖无纺布时只需将挂钩挂在温室外压膜绳上即可，早上再撤下来。挂无纺布有两个作用，冬天可挂在温室外前脸处保温，夏天撤草苫时可盖在草苫上防雨。

特别提醒：

选择优质无纺布有技巧。无纺布具有保温、透气、耐用等诸多优点，购买时应注意以下4点：①注意无纺布的厚度和均匀程度。一般来说，无纺布的厚度在0.5毫米以上，一般越厚的保温效果越好，价格也越高。菜农在选择时可将整张无纺布来回折叠，然后多层进行对比。选择单层厚度在0.5毫米以上、厚薄程度均匀的无纺布。②看制作材料。优质无纺布一般是由含棉量较高的衣服下脚料和毛衫纺织而成的，这样的无纺布不仅保温性好，而且使用年限长。而有些则是用化纤类的产品制作而成的，这样的产品从手感上摸起来比较光滑，但基本不含棉，质量较差。菜农在选择时可用剪子剪下一块进行火烧，如果无纺布能被烧成灰，则说明含棉量较高，若烧成比较硬的小球，则说明是化纤制成的，质量较差。③看透气性。好的无纺布不仅保温性好，而且透气性相对也较好。将无纺布折成两叠，用嘴吹气，如果另一面感觉到有气流流动，说明透气性较好，反之则较差。④看其韧度的优劣。将无纺布剪下一长条后撕拉，撕拉后的无纺布仍然粘着在一起，里面的棉线没有很大的裂痕，说明无纺布质量较好。相反，若使劲撕拉时，无纺布被撕开，里面的线条出现很大的松动，表明这样的无纺布质量较差。

(二)棚膜的选择

目前，日光温室的覆盖材料主要是塑料薄膜，其中最常用的棚膜按树脂原料可分为PVC(聚氯乙烯)薄膜、PE(聚乙烯)薄膜和EVA(乙烯—醋酸乙烯)薄膜3种。这3种棚膜的性能不同：PVC棚膜保温效果最好，易粘补，但易污染，透光率下降快；PE棚膜透光性好，尘污易清洗，但保温性能较差；EVA棚膜保温性和透光率介于PE和PVC棚膜之间。在实际生产中，为增加棚膜的无滴性，常在树脂原料中添加防雾剂，PVC棚膜和EVA棚膜与防雾剂的相容性优于PE棚膜，因而无滴持续时间较长。据调查，目前我国生产的PE多功能膜的无滴持续时间一般为2～4个月，PVC和EVA棚膜可达4～6个月。当前，PE棚膜应用最广，数量最大，其次是PVC棚膜，EVA棚膜也开始试用。

薄膜按其性能特点又分为普通棚膜、长寿棚膜、无滴棚膜、长寿无滴棚膜、漫反射棚膜、复合多功能棚膜等。其中普通棚膜应用最早，分布最广，用量最大，其次是长寿棚膜和无滴棚膜。近年来，长寿无滴棚膜也有了较快的发展。目前我国生产的棚膜主要有以下几种。

1. PE(聚乙烯)普通棚膜　该棚膜透光性好，无增塑剂污染，尘埃附着轻，透光率下降缓慢，耐低温(脆化温度为－70℃)；密度低(0.92)，相当于PVC棚膜的76%，同等重量的PE膜覆盖面积比PVC膜增加24%；红外线透过率高达87%～90%，夜间保温性能好，且价格低。它的缺点是透湿性差，雾滴重；不耐高温日晒，弹性差，老化快，连续使用时间通常为4～6个月。日光温室上使用基本上每年都需要更新，覆盖日光温室越夏有困难。PE普通棚膜厚度为0.06～0.12毫米，幅宽有1米、2米、3米、3.5米、4米、5米等6种。

2. PE长寿(防老化)棚膜　PE长寿棚膜是在PE膜生产原料中，按比例添加紫外线吸收剂、抗氧化剂等，以克服PE普通棚膜不耐高温日晒、易老化的缺点，其他性能特点与PE普通膜相似。PE长寿棚膜是我国北方高寒地区温室越冬覆盖较理想的棚膜，使用时应注意减少膜面积尘，以保持较好的透光性。PE长寿膜厚度一般为0.12毫米，宽度规格有1米、2米、3米、3.5米等4种，可连续使用18～24个月。

3. PE复合多功能膜　在PE普通棚膜中加入具有多种特异

功能的助剂，使棚膜具有多种功能。如北京塑料研究所生产的多功能膜，集长寿、全光、防病、耐寒、保温为一体，在生产中使用效果良好。在同样条件下，其夜间保温性比普通 PE 膜提高1℃～2℃，每 667 平方米温室使用量比普通棚膜减少 30％～50％。复合多功能膜中如果再添加无滴功能，效果将更为全面突出。PE 复合多功能膜厚度为 0.06～0.08 毫米，幅宽有 1 米、1.5 米、2 米、4 米、8 米等 5 种，有效使用寿命为 12～18 个月。

4. PVC（聚氯乙烯）普通棚膜 该棚膜透光性能好，但易粘吸尘埃，且不容易清洗，污染后透光性严重下降。红外线透过率比 PE 膜低（约低 10％），耐高温日晒，弹性好，但延伸率低。透湿性较强，雾滴较轻；比重大，同等重量的棚膜覆盖面积比 PE 膜少 20％～25％。PVC 膜适于作夜间保温性要求高的地区和不耐湿作物设施栽培的覆盖物。PVC 普通棚膜厚度为 0.08～0.12 毫米，幅宽有 1 米、2 米、3 米等 3 种，有效使用期为 4～6 个月。

5. PVC 双防膜（无滴膜） 在 PVC 普通棚膜原料配方中按一定配比添加增塑剂、耐候剂和防雾剂，使棚膜的表面张力与水相同或相近，薄膜下面的凝聚水珠在膜面可形成一薄层水膜，沿膜面流入温室底部土壤，不至于聚集成露滴久留或滴落。由于无滴膜的使用，可降低温室内的空气湿度；露珠下落的减少，可减轻某些病虫害的发生；更为优越的是，由于薄膜内表面没有密集的雾滴和水珠，避免了露珠对阳光的反射和吸收，增强了温室的光照，其透光率比普通膜高 30％左右。晴天升温快，温室中每天低温、高湿、弱光的时间大为减少，对设施中作物的生长发育极为有利。透光率衰减速度快，经高强光季节后，透光率一般会下降到 50％以下，甚至只有 30％左右，旧膜耐热性差，易松弛，不易压紧。同时，PVC 无滴棚膜与其他棚膜相比，密度大，价格高。PVC 无滴膜厚度为 0.12 毫米，幅宽有 1 米、2 米、3 米等 3 种，有效使用期为 8～10 个月。

6. EVA多功能复合膜　该膜是针对PE多功能膜雾度大、流滴性差、流滴持效时间短等问题而研发的一种高透明、高效能薄膜。其核心是用含醋酸乙烯的共聚树脂，代替部分高压聚乙烯，用有机保温剂代替无机保温剂，从而使中间层和内层的树脂具有一定的极性分子，成为防雾滴剂的良好载体，流滴性能大大改善，雾度小，透明度高，在日光温室上应用效果最好。EVA多功能复合膜厚度为0.08～0.1毫米，幅宽有2米、4米、8米、10米等4种。

(三)对草苫的要求及草苫的覆盖形式

1. 对草苫的要求

(1)草苫要厚　新草苫平均厚度应不小于4厘米。

(2)草苫要新　新草苫的质地疏松，保温性能比较好，陈旧草苫质地硬实，保温效果差，不宜选用。另外，要选用新草编制的草苫，不要选陈旧草或发霉的草编制草苫。

(3)草苫要干燥　干燥的草苫质地疏松，保温性好，便于保存，而且重量轻，也容易卷放。

(4)草苫的密度要大　草苫密度大的保温性能好，最好用人工编制的草苫，不要用机器编制的草苫，机器编制的草苫多比较疏松，保温性差，也容易损坏。

(5)草苫的经绳要密　经绳密的草苫不容易脱把、掉草，草把间也不容易开裂，草苫的使用寿命长，保温性能也比较好。一般幅宽1.2米的草苫，经绳道数应不少于8道。

特别提醒：

购买温室草苫时须注意以下三点：一是看。目前，自动卷帘机上多选用3米宽的草苫，这里就以它为例介绍应注意的问题。首先是看它有多少道经线，至少要选用22道经线的草苫，两道经线间距14厘米左右，才可保证草苫质量可靠，使用寿命长。其次要注意两边最外沿的经线，其距草苫边缘应保持8～10厘米，不宜太远，这样才能防止刮大风等将边缘稻草戗起来，容易戳破薄膜，出现保温漏洞。二是称。草苫的重量在一定程度上决定了草苫的保温和抗风能力，3米宽的草苫重量一般以保持在11～11.5千克/米为宜，也有订制加厚的，为12～12.5千克/米。也就是说，3米×15米的草苫重量以达到165千克左右为佳。三是刮。编制草苫所用的尼龙绳有“生丝”和“熟丝”之分，一定要区分好。有些菜农不小心购买了生丝编织的草苫，用不到一年尼龙绳就因老化而断了，给菜农带来很大损失。鉴别“生丝”和“熟丝”的简单方法是：购买草苫时用手指甲对尼龙绳使劲来回刮一下，如果起毛，则说明是生丝，购买时要倍加留心。

2. 草苫的覆盖形式 日光温室覆盖草苫，一般采用“品”字形覆盖法，即在覆盖草苫时，在温室棚面上呈“品”字形摆放，其中两个草苫在下，中间预留30～40厘米的空隙，待底层草苫覆盖完毕后，再在每两个草苫中间加盖一个草苫，以增强温室的整体保温效果。采用此法覆盖草苫，既方便人工揭盖草苫，又适合使用卷帘机揭盖草苫。

传统的草苫覆盖法是上面的草苫压盖下面的草苫，除了保温效果不及“品”字形覆盖法外，而且由于传统覆盖法是将草苫连接在一块，两个草苫之间重合面积小，一旦遇到大风，还易被逐个刮起。另外，传统覆盖法仅适合于人工揭盖单个草苫，不适合使用卷帘机整体揭盖草苫。卷帘机是通过卷杆把所有草苫一块上卷的，采用传统覆盖法覆盖的草苫，使用卷帘机拉起后，易出现倾斜，危险系数增大。

草苫“品”字形覆盖法的具体操作流程可分以下几个步骤：①布设固定钢丝。为了防止草苫下滑脱落，需在温室后墙上沿东西方向布设一条固定钢丝，将草苫一头固定在钢丝上。具体操作方法：先在温室后墙的东、西两侧，埋设深50厘米的地锚，然后把钢丝一头拴在地锚扣上，另一头再用紧线机拉紧即可。②摆放草苫。根据温室的长度和草苫的规格，确定使用草苫的数量，而后把所有草苫一一摆放在温室的后墙上待用。一般情况下，宽度约1.6米的新草苫，两个成年人从温室东墙或西墙上便可将草苫抬放到温室后墙上。若使用2.5～3米宽的加宽草苫，这种草苫较重，不便于人工抬放，可以使用小型吊车，从温室的后面一一将草苫吊放上去。③覆盖草苫。在草苫按照顺序摆放到温室后墙上后，先用铁丝将草苫的一头固定在东西方向的钢丝上，再一一把草苫沿着棚面滚放下来，呈"品"字形摆放。假若人工拉放草苫，宜提前把拉绳放在草苫下面；若使用卷帘机揭盖草苫，在草苫摆放调整好后，将其下端固紧在卷杆上，而后开动卷帘机试验一下揭盖效果。若草苫出现倾斜，应先停下卷帘机进行调整，以免发生意外事故。

3. 草苫的揭盖管理　草苫的揭盖直接关系到日光温室内的温度和光照。在揭盖管理上，应掌握上午揭苫子的适宜时间，以有直射光照射到前坡面，揭开草苫后温室内气温不下降为宜；盖草苫的时间，原则上在日落前温室内气温下降至15℃～18℃时覆盖。正常天气掌握上午8时左右揭，下午4时左右盖。一般雨雪天温室内气温不下降也要揭开草苫。大风雪天，揭草苫后如温室内温度明显下降，可不揭开草苫，但中午要短时揭开或随揭随盖。连续阴天时，尽管揭苫后温室内气温下降，仍要揭开草苫，下午要比晴天提前盖草苫，但不要过早。连续阴天后的转晴天气，切不可突然全部揭开草苫，应陆续间隔揭开，中午阳光强时可将草苫暂时放下，至阳光稍弱时再揭开。雪天及时清扫草苫上的积雪，以免化雪后将草苫弄湿。在最寒冷天气，夜间温室内最低温度达10℃以下低温时，应在草苫上再加盖一层旧薄膜或一层草苫，前窗加围苫。

附：寿光菜农覆盖草苫的经验

1. 穿层衣服以减少摩擦，使草苫不再跟棚膜"零距离"

日光温室上使用卷帘机，不管是拉线式卷帘机，还是撑杆式或有轨式卷帘机，其强有力的拉力或推力均会对草苫和棚面造成一定的损坏，不仅会造成草苫上的编织绳松动，缩短其使用寿命，还会在棚膜上扎出或磨出一些小孔，使得夜间温室内湿气从该处散发，浸湿草苫，影响其保温性和使用寿命。为了克服以上缺点，可在日光温室草苫的底面增添一层无纺布和塑料薄膜。

该法不仅可以保护草苫和棚膜,还能有效地提高温室内的温度,防止草苫碎草脱落。对于正常使用3年以上的草苫,其厚度变薄、间隙变大,保温性能逐渐下降,假若丢弃更换新草苫,过于浪费,且增加种植成本。为此,不妨在草苫底部增添一层无纺布和塑料薄膜,以提高其保温性能,延长使用寿命。

另外,草苫在使用过程中,不免会有一些碎草脱落而滞留在棚面上,影响棚膜的透光率,假若用无纺布和旧塑料薄膜将草苫底面包起来,就能很好地避免此情况发生。

日光温室草苫在其底面增添一层无纺布和塑料薄膜是很有必要的,其方法是:在日光温室覆盖草苫前,先将无纺布和塑料薄膜一块平铺在棚膜上,并用细钢丝每隔3米将其上端固定在日光温室后墙上的东西方向的拉绳上,而后把草苫覆盖其上,同样用细钢丝将两者的上下两头连接起来,以防止滑落,最后再把卷帘机安装好即可。

2. 温室晒草苫有技巧

随着外界气温升高,温室内夜间温度超过15℃后,夜间可不盖草苫,菜农就可以开始晒草苫、撤草苫。首先是草苫分次晾晒。因为卷帘机上的草苫都是上下两层,每层草苫都能将整个棚面覆盖住,因此菜农可以将草苫分四批晾晒,先将底部草苫间隔从卷帘机上拆下,然后在棚面上进行晾晒,晾好撤下后再将底层的另一半进行晾晒,这样晒好一批撤掉一批,既晒好了草苫,又不会影响蔬菜正常生长。其次是晾晒时间最好选择在中午。上午10时30分以前和下午2时30分以后,光照强度适宜,是蔬菜光合作用最强的时候,故晒草苫应避开这个时间段。在上午10时30分至下午2时30分光照最强,且叶片气孔关闭,光合作用比较弱,在这个时间段晾晒草苫最合适,这时不仅草苫干得快,还能起到遮荫而降低温室内温度的作用。再次是晾晒草苫要避开通风口。一般来说,草苫的两头紧靠通风口,湿度很大,菜农可将通风口处的草苫揭起放在棚面上晾晒,这样既防止通风口排出的湿气弄湿草苫而影响晾晒效果,又不影响通风降温。

四、大跨度半地下日光温室的主要配套设施

（一）温室入口

1. 缓冲间　日光温室的入口处也是一个较大的通风口。夏天，入口打开可以加强温室内的通风，有利于降低棚温。但是冬天温室内的管理以保温为主，冷风从入口吹入会造成温室内靠近入口处 3～5 米内的蔬菜生长不良。有些入口处漏风，尤其是在人员进出温室时会造成冷风直接吹入，因而导致温室入口处的蔬菜植株低矮、棵子弱，有时甚至会发现紧靠入口处的蔬菜发生冷害。

为保护好温室入口处的蔬菜，防止冷风吹入温室，菜农可以在温室门口处设置缓冲间。

菜农在后墙或东、西两山墙上开门的，可在人行道内设置缓冲间。将一块宽度在 4 米左右、长度为 6～10 米的薄膜一侧固定在温室后墙的立柱上，然后再用钢丝或尼龙绳从薄膜与人行道等宽的地方吊起并固定好。两侧棚膜封好即可，形成一个密闭的空间。当菜农进温室时，只需掀起缓冲间一头的薄膜即可进入。

对一些把小门开在温室前脸处的温室来说，可在门口内侧用薄膜围成一个长方形的空间。薄膜可悬挂在温室棚架的钢丝上。菜农进温室时先进入缓冲间，开门吹入的冷空气也被阻隔在缓冲间而不能直接吹到蔬菜上。当人员进入温室之后，关闭小门即可。这样操作可缓解冷空气直接进入温室，缓冲间还可用于放置菜农的衣物，避免温室内潮湿的空气弄湿衣服。对于温室外入口处，菜农可使用草苫挡风，但一定要用薄膜将草苫包严，以降低草苫的透风性。

2. 消毒池　近年来日光温室土传病害越来越严重，其中人为传播是重要原因。因操作人员鞋底所带的病菌进温室后即可成为

病原，引起土传病害的暴发。所以，菜农在劳动时所穿的鞋若不注意杀菌消毒，会造成土传病害的传播。在日光温室门口设置消毒池，可对进出人员鞋底进行杀菌消毒。具体方法是在温室门口设置一个长 50 厘米、宽 40 厘米、深 10～12 厘米的池子，池内放置一块长 50 厘米、宽 40 厘米、厚 8～10 厘米的海绵，并加入高锰酸钾等消毒液将海绵浸透，进入温室的人员双脚在消毒池内的海绵上踩一下即可。

(二)顶风口

1. 顶风口的设置 日光温室前屋面的上面留出一条长、宽各约 50 厘米的通风带，通风带用一幅宽为 2～2.5 米的窄膜单独覆盖，这幅膜须选用聚乙烯薄膜，杜绝使用聚氯乙烯薄膜，目的是防止使用后收缩。窄幅膜的下边要折叠起一条缝，缝边粘住，缝内包入一根细钢丝，覆膜后将钢丝拉直。包入钢丝的主要作用，一是通风口合盖后，上下两幅膜能够贴紧，提高保温效果；二是开启通风口时，上下拉动钢丝，不损伤薄膜；三是上下拉动通风口时，用钢丝带动整幅薄膜，通风口开启的质量好，工效也高。

2. 通风滑轮的应用 过去日光温室覆盖的棚膜为一个整体，通风要一天几次爬到温室屋顶上操作，既增加了劳动强度，又不安全；而应用通风滑轮后 1 个日光温室上覆盖大、小两块棚膜，通过滑轮和绳索调节通风口的大小，既节约时间，又安全省事。通常滑轮的安装方法如图 12 所示，将滑轮 A 和 B 固定在窄幅膜下的温室棚架下方(在膜下面)，滑轮 C 固定在宽幅膜下的棚架上(在膜上面)。为保护棚膜，可把定滑轮 C 固定在压膜线上，把通风绳、闭风绳的一端均拴在窄幅膜下边的细钢丝上，最后将通风绳绕过定滑轮 A、闭风绳依次绕定滑轮 B 和定滑轮 C 即可。通风时，拉动通风绳；闭风时，拉动闭风绳。平常为了预防通风口扩大或缩小，可把两根绳拉紧系在温室内的立柱或钢丝上。

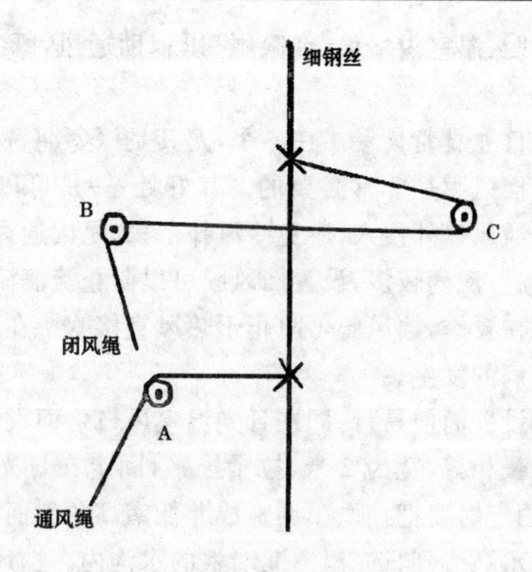

图 12　通风滑轮安装图示

3. 通风保险绳　在冬季，大跨度半地下日光温室主要通过滑轮通风、排湿和降温，以创造适宜蔬菜生长的环境条件。可是，冬季多北风或西北风，日光温室拉开通风口后，除了靠近拉绳处的通风膜不易被吹动外（因为通风拉绳固定在后砌柱上），其他位置的通风膜边缘极易被吹动，这样便会减小通风口，甚至关闭通风口，导致通风效果不佳。若发现风口关闭了，便重新拉开，继续通风。这样做比较费工费时，使用通风保险绳就可克服这个弊端。

（1）通风保险绳的安装方法　预先准备好一些长 5 米的绳带，然后将绳带的一头拴系在日光温室顶部的东西向钢丝上，另一头则通过通风口穿入温室内，并从通风膜下的钢丝（从通风口向北数第三条钢丝）上通过，最后放落在温室内即可。

（2）通风保险绳的使用方法　在每次拉开通风膜通风后，再用“保险绳”固定一下通风膜的通风距离，以防刮风将其关闭，“保险绳”的下端要拴系牢固。下午闭风时，要先解开保险绳，再关闭风口。实践证明，温室内增设“保险绳”以辅助通风，既省工省力，又能保证通风效果。

4. 顶风口处设挡风膜 在冬季，尤其是深冬期，在日光温室通风口处设置挡风膜是非常必要的。其好处：一是可以缓冲温室外冷风直接从通风口处侵入，避免冷风扑苗；二是因通风口处的棚膜多不是无滴膜，流滴较多，设置挡风膜可以防止流滴滴落在温室中的蔬菜上。在夏季，挡风膜可阻止干热风直接吹拂在蔬菜叶片上，可减轻病毒病的发生。

挡风膜设置简便易行，即在日光温室风口下面设置一块膜，其长度和温室长相等，宽为 2 米，拉紧扯平，固定在日光温室的立柱和竹竿上，固定时要把挡风膜调整成北低南高的斜面，以便使挡风膜接到的露水顺流到日光温室北墙根的水沟内。挡风膜的设置位置见图 13。

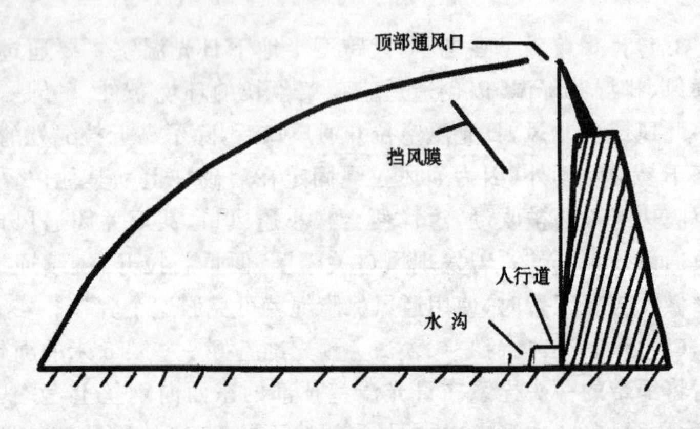

图 13 挡风膜的设置图示

挡风膜的安装方法：将 2 米宽的挡风膜的两侧利用粘膜机粘一个 2～3 厘米的“布袋”，然后在“布袋”上侧中穿一根比温室长度长出 6～8 米的钢丝，固定在通风口南边 30～40 厘米的地方，再将钢丝固定在温室两头外侧的地锚上，用紧线机抻紧。再每隔 15 米使用铁丝将缓冲膜的钢丝与棚面上的钢丝或拱杆固定一下，防止缓冲膜中间下垂。缓冲膜下部使用与温室等长的钢丝，穿在缓冲膜“布袋”内抻紧，固定在温室内后侧的立柱上即可。

附：寿光菜农经验：温室内东西两头通风应有区别

菜农们在摘菜时都有这样的体会：如果把整个温室分成两部分，一般都是温室最里面的一半摘的果实比临近温室门口的一半要多。这是因为一般温室里面的温度较高，植物光合作用强，制造的光合产物多，所以果实产量较高。那么，怎样做才能增加另一半的产量呢？许多寿光菜农在给温室通风时不再因循守旧，而是根据天气情况，掌握好东西两头通风口的大小，有效地改善了这种情况，提高了蔬菜产量。

在通风方面，怎样区别对待温室东西两头呢？正常晴朗无风或微风天气下，温室最里面的温度要比温室门口处的温度高，通风时需要把温室最里面通风口拉得大一点，而临近门口的要拉得小一点，这样才能保证整个温室内的温度一致，作物长势一致。如遇特殊天气，还需特殊管理。一般冬天老刮西北风，通风时要注意把温室西头的通风口拉得小点，东头的拉得相对大一点，因为刮西北风时温室西头的温度相对低一些；而刮东北风时，则需要把温室内东头的通风口拉小。

（三）吊蔓钢丝

1. 吊蔓钢丝的组成和设置

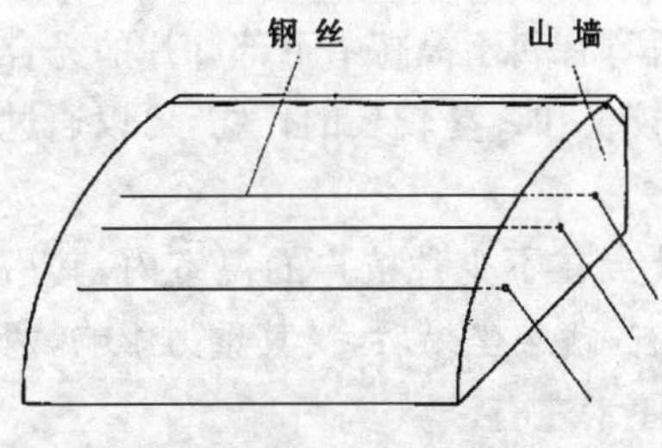

图 14　温室东西向吊蔓钢丝设置图示

（1）吊蔓钢丝的组成　先在温室上部距蔬菜苗 2 米高处东西向拉 3 道 8 号钢丝（南、北、中各 1 道，见图 14），然后在 3 道钢丝上，南北向拉 16 号钢丝，每一栽培行上方拉 1 道。

新建的日光温室在安装吊蔓钢丝时，可在距离温室内地面高 2 米的山墙内侧，在每行立柱及立柱中间的位置打眼，将吊绳用的钢丝固定在地锚上后从孔眼中穿过，再利用紧线机将钢丝抻紧，从而大大降低了钢丝在温室中间的下垂程度。

(2)操作方法　先找准打眼位置，一人用一钢叉拖住电钻头钢筋，另一人操控电钻，待打眼成功后，在墙外用网线拴住钢丝一头，其另一头拴系在电钻头上，通过"穿针引线"的方法把钢丝引过来。实践证明，该法既不会对墙体造成较大破坏，又省工省料，效果很好。

2. 吊蔓钢丝设置不宜太高　一些菜农认为，把吊蔓钢丝设置得高一些，可以让蔬菜有更大的生长空间，有利于蔬菜生长，尤其是在樱桃番茄、菜豆等蔬菜上，钢丝高可以让蔬菜长得更高，产量更高。其实，吊蔓钢丝设置高了弊大于利。一是留蔓过高不利于进行农事操作。钢丝过高，系绳、喷药等很多农事操作都不方便。二是留蔓过高对植株后期产量造成很大影响。钢丝过高，留蔓过长，特别容易在顶上形成一个"帽"，遮挡住了向下的光照，虽然增加了前期开花坐果的数量，但在第一茬果采收后，因为上部叶片的遮荫，致使中下部叶片得到的光照较少，光合作用弱，光合产物不足以供应下茬果的生长，造成落花落果严重、果实生长发育不良等问题。因此，在多数情况下，钢丝设置过高是不可取的。在植株吊蔓时，钢丝高度在 1.7～2 米是比较合理的。保持植株合理的高度，避免植株上部形成明显的"帽"，有利于提高中下部叶片的光合速率，提高产量。对植株生长期较长和茎蔓较长的作物，可以通过落蔓保持植株合理的高度。

3. 吊蔓钢丝高度也不宜过低　在不少种植户的温室内，其吊蔓钢丝高度过低，只有 1.7 米左右，蔬菜坐果后，受其重力影响，两立柱间的吊蔓钢丝又被下拽 10 厘米左右。

很显然，在生产中，吊蔓钢丝高度过低会直接影响到蔬菜的正常植株高度，一旦蔬菜吊蔓后的植株高度受到限制，也就无法保证能有足够的叶片数进行光合作用。植株光合作用差,光合产物积累少,不仅茎蔓、果实生长受抑制而表现为弱棵、果小,而且植株根系由于地上部往下输送的养分不足,表现为根量少、根系弱等情况。

吊蔓钢丝过低除了对植株生长不利外,菜农需要经常去落蔓、绑蔓,不仅费工费力,而且在操作中易折断茎蔓,造成不应有的损失。

既然吊蔓钢丝高度过低存在弊端,那么,生产中最为直接的方法就是提高吊蔓钢丝高度。在拔园清园后,用加长钢筋电钻在三面墙体上钻眼,拉钢丝,埋地锚,调整吊蔓钢丝高度在 2 米左右,务必保证蔬菜有足够的有效光合叶片数,譬如黄瓜须有 16 片叶左右。

(四)卷帘机

1. 安装卷帘机的好处　卷放草苫是日光温室生产中经常而又较繁重的一项工作,耗费工时较多,设置卷帘机可达到事半功倍之效果。传统的日光温室冬季覆盖物为草苫。这些覆盖物的起放工作量大、劳动条件差。实践证明:使用电动卷帘机,不仅大大延长了光照时间,增加了光合作用,更重要的是节省劳动时间,减轻了劳动强度。据调查,日光温室在深冬生产过程中,每 667 平方米日光温室人工控帘约需 1.5 小时,而卷帘机只需 8 分钟左右,太阳落山前,人工放帘需用 1 小时左右,由此看来,每天若用卷帘机揭盖草苫,比人工节约近 2 小时的时间,同时延长了室内宝贵的光照时间,增加了光合作用时间。另外,使用电动卷帘机对草苫保护性好,延长了草苫的使用寿命,既降低了生产成本,同时因其整体操作,其抗风能力也大大增强。

2. 日光温室卷帘机类型　日光温室目前使用的卷帘机有两大类型:一种是前屈伸臂式,包括主机、支撑杆、卷杆三大部分,支撑杆由立杆和横杆构成,立杆安装在日光温室前方地桩上,横杆前端安装主机，主机两侧安装卷杆，卷杆随温室棚体长短而定；另一种是轨道式，包括主机、三相电动机、轨道大架、吊轮支撑装置、卷杆等构成。主机两侧安装卷杆，卷杆随温室棚体长短而定。

3. 屈臂式卷帘机安装步骤

第一步，预先焊接各连接活结、法兰盘到管上；根据温室长度确定卷杆强度（一般 60 米以下的温室用直径 60 毫米高频焊管、壁厚 3.5 毫米；60 米以上的温室，除两端各 30 米用直径 60 毫米管外，主机两侧用直径 75 毫米、壁厚 3.75 毫米以上的高频焊管）和长度；焊接卷杆上的间距为 0.5 米一根的高约 3 厘米的圆钢。立杆与支撑杆的长度和强度：在机头与立杆支点在同一水平的前提下，立杆和支撑杆长度的总和等于温室内跨度加 5 米，支撑杆长度比立杆短 20～30 厘米；长度超过 60 米的日光温室一般支撑杆须用双管（图 15）。

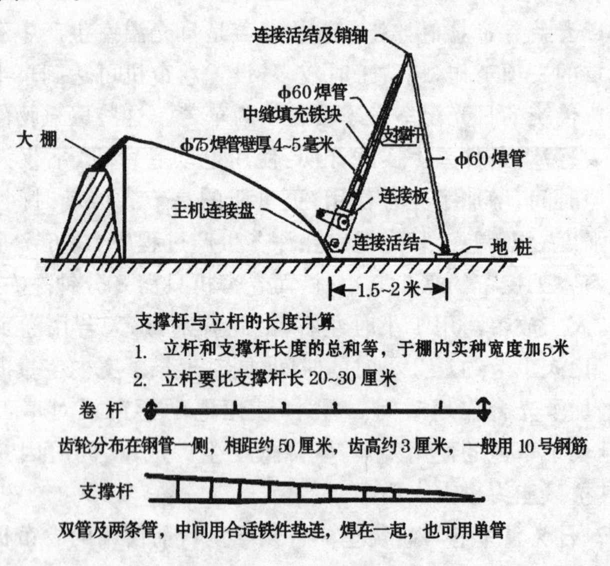

图 15　屈臂式卷帘机安装示意图

第二步，草苫或保温被准备：草苫要求厚度均匀，长短一致，垂直固定于卷杆之上，并按“品”字形排列。草苫两边交错量要保持一致，若新旧草苫混用时一定要相间排列，尽量做到左右对称，以免草苫卷动不同步和整体跑偏。

第三步，铺设拉绳：拉绳的作用是用来减轻卷帘机自身重量和卷动作用力对草苫的不良影响，拉绳的合理使用直接关系着草苫的使用寿命和机器的同步与跑正，拉绳的一端固定于温室顶地锚钢丝上，另一端固定于温室下卷帘机的卷轴上，要求每条拉绳工作长度及松紧度保持一致，统一标准。

第四步，在温室前正中间，距温室 1.5～2 米处做立杆支点，用直径为 60 毫米、长约 80 厘米的焊管与立杆 T 形焊接作为底座立在地平面，并在底座南侧砸入地中两根圆钢以防止底座往南移动。

第五步，横杆铺好并连接支撑杆与主机。

第六步，以活结和销轴连接支撑杆与立杆并立起来。

第七步，从中间向两边连接卷杆并将卷杆放在草苫上。

第八步，将草苫绑到卷杆上（只绑底层的草苫），上层的草苫自然下垂到卷杆处。

第九步，连接倒顺开关及电源。

第十步，试机在卷得慢处垫些旧草苫以调节卷速，直至卷出一条直线。

4. 轨道式卷帘机安装步骤　在轨道式卷帘机安装前 2 天，先将地脚预埋件用混凝土浇筑于地下，位置在温室总长的中部并且距温室棚面前方 2～3 米的地方。并在正对地脚预埋件的温室后墙上固定预埋件。将轨道大架的前端固定在地脚预埋件上，后端固定在温室后墙预埋件上。轨道高出棚面至少 70 厘米，一般为 1～1.5 米。然后将机头安装在三角形轨道上，并按要求安装机头、电器及连接卷轴（图 16）。草苫的铺放和试机同屈臂式卷帘机。

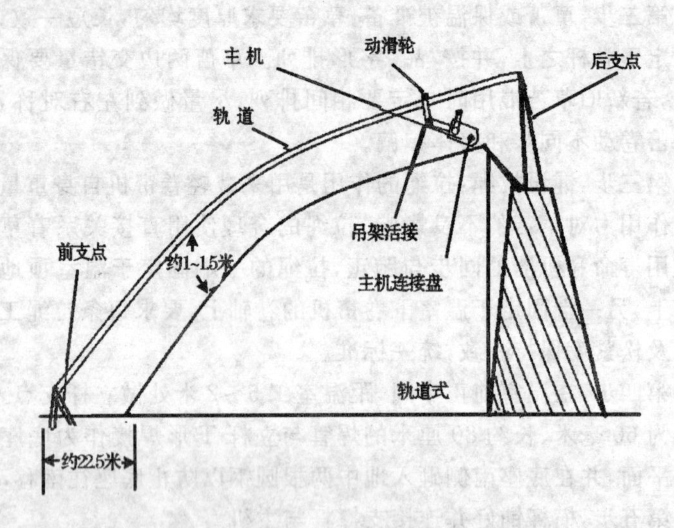

图 16　轨道式卷帘机安装示意图

不少菜农在使用轨道式卷帘机拉草苫时,或站在温室前用手拿着电缆线,或直接将电缆线乱放在棚面上,这些做法都挺危险的。

寿光市菜农安装和操作卷帘机的方法步骤如下。

第一步,制作挂钩。用 8 号铁丝弯成“g 形”挂钩,安装 7～10 个挂钩,并用钢丝串起来。

第二步,拉放钢丝。将钢丝南北向拉放在卷帘机轨道下方,注意要拉直。

第三步,挂电缆线。间隔约 2 米左右,依次将电缆线悬挂在挂钩上,并绑牢。注意不要弄破电缆线外皮,以防止漏电。如此安放后,电缆线便会顺着卷帘机来回滑动,既安全又方便(图 17)。

5. 操作方法　由下往上卷草苫时,将开关拨到“顺”的位置;卷草苫到预定位置时,将开关拨回“关”的位置。由上往下放草苫时,将开关拨到“倒”的位置,放草苫到预定位置时,将开关拨回“关”的位置。如遇停电,可将手摇柄插入手摇柄插孔,人工摇动。顺时针

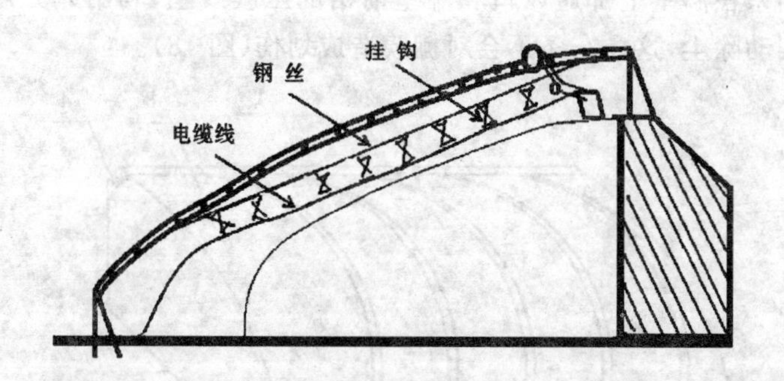

图 17　轨道式卷帘机电缆线设置图示

摇动向上卷草苫，逆时针摇动则向下放草苫。

6. 卷帘机的发展趋势　卷帘机卷苫能够减轻劳动强度，提高劳动效率，减少卷草苫所用的时间，故能延长温室内蔬菜作物的光照时间，有利于提高产量。目前，卷帘机正逐步由屈臂式向轨道式转变。据寿光市试验，轨道式卷帘机主要有以下两个优点：一是草苫(或保温被)磨损少一些，草苫出现断线、开裂等情况明显减少，故草苫使用寿命能够延长 1～2 年。二是在使用轨道式卷帘机过程中，草苫不易发生位置移动，草苫覆盖严密，省下了草苫位置移动整理的用工。

(五)棚膜除尘条

日光温室棚膜上的水滴、碎草、尘土等杂物会使透光率下降 30%左右。新薄膜在使用过程中，随着使用时间的延长，温室内光照会逐渐减弱。因此，要经常清扫以保持棚膜洁净和增加棚膜的透明度。寿光市菜农在棚膜上设置除尘条擦拭棚膜的方法简便易行，除尘条随风飘动，自动擦净棚膜，很有推广价值。

除尘条的设置方法是：在新覆盖棚膜的日光温室上每隔 1.2 米设置一条宽 6～10 厘米、比棚膜宽度长 0.5～1 米的布条，两头分别系在温室上部通风口和温室前裙的压膜线上，利用风力使布条摆动除尘，这样布条不会对棚膜造成划伤(图 18)。

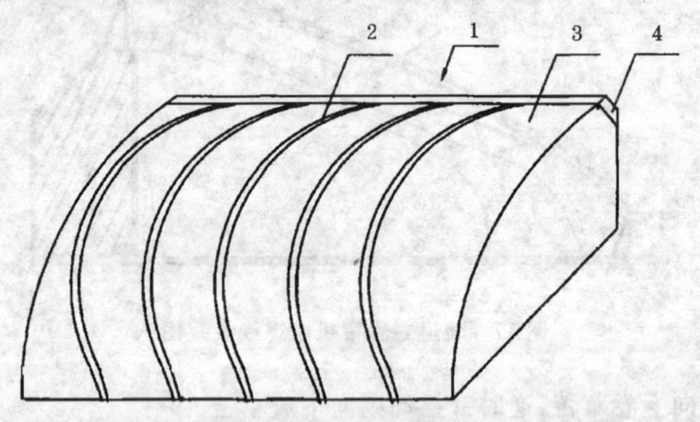

图 18　日光温室除尘条设置图示

1. 日光温室　2. 除尘条　3. 棚膜　4. 后坡

但要注意，布条中间摆幅最大，除尘率可达 80%以上，两头摆幅最小，除尘率不足 50%，所以菜农还要及时利用抹布将温室南北两端棚膜上的尘土擦去。

为了保证蔬菜正常生长，菜农在进入夏季后就应将棚膜上的除尘条撤除，并适时设置遮阳网或往棚膜上泼洒泥浆，以此来尽快降低温室内的温度，避免高温危害。

(六)温室运输车

一个日光温室要运出几万斤蔬菜，过去靠几十千克几十千克地往外提，工作量很大，而温室中安装滑轮吊车，可以大大地减轻工作量。

1. 工作原理　轨道运输车是在温室后部的人行道上沿滑轮轨道运行，运载重物时，通过推或拉达到运输重物的目的，而且可大大减轻劳动量。

2. 使用材料要求　滑轮直径 6 厘米，必须用钢做。经过试验，使用铸铁或塑料做的滑轮，承重力小，使用寿命短。

滑轮与框架的连接件使用钢筋和钢管，钢筋直径为 1 厘米，长 20～30 厘米。钢管内径为 25～30 毫米、长 100 厘米。钢管与框架用钢筋电焊连接。滑轮转轴与钢管之间用钢筋电焊连接。

运输车的框架可以是内径 15～20 毫米的钢管，也可以是 4 厘米×4 厘米的角钢。四边框用电焊连接。框架中间再焊接 2 根钢管或角钢。也可不用框架，将连接滑轮两钢管均缩短至 50 厘米，并于两钢管下端焊接一横向钢管，在横向钢管中下部焊接直径 1 厘米的钢筋挂钩。轨道可设置单轨和双轨两种，单轨道用 24 号钢丝、双轨道用 20 号钢丝。

轨道支撑杆由钢丝和窄钢板组成，钢丝型号为 20 号，窄钢板厚度为 0.5 厘米、宽 3～4 厘米、长 40 厘米左右，加工成"ㄣ"形状。

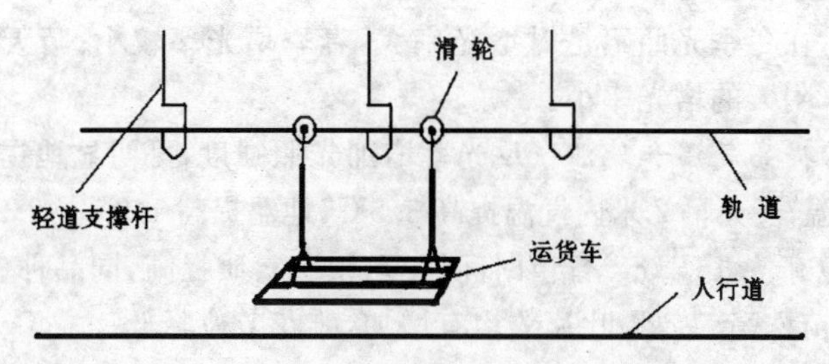

图 19　日光温室的运输车安装示意图

3. 轨道安装　轨道需要吊在温室内后部人行道处的空中，与温室后墙的水平距离为 35 厘米，与地面的距离为 200 厘米。钢丝穿过温室两山墙，两端固定在附石（地锚）钢丝上，然后用紧线机紧好并固定牢靠。每间温室设置一轨道支撑杆，支撑杆由钢丝和"ㄣ"钢板两部分组成，"ㄣ"钢板较长端固定在钢丝上，另一端焊接在轨道下端，且“ ㄣ”钢板两边要与轨道垂直，使滑轮正好从“ ㄣ ”中间通过。钢丝的另一端固定在温室后坡支架上。将滑轮和框架安装在轨道上即可使用。

4. 使用年限 在正常情况下，日光温室轨道运输车可使用10～20年。

(七)反光幕

在日光温室栽培畦北侧或靠后墙部位张挂反光幕，有较好的增温补光作用，是日光温室冬季生产或育苗所必需的辅助设施。

1. 反光幕应用效果

(1)增强光照效果 日光温室内张挂反光幕可明显增加温室内的光照强度，可增加光照5000勒，尤以冬季增光率更高。从进行反光幕张挂的研究表明，反光幕前3米处，地表增光率为9.1%，60厘米空中增光率为9.2%。反光幕的增光率随着季节的不同而有差异，在冬季光照不足时增光率大，春季增光率较小；晴天的增光率大，阴天的增光率小。

(2)提高气温和地温 反光幕增加光照强度，可明显地提高气温和地温，反光幕2米内气温提高3.5℃，地温提高1.9℃～2.9℃。

(3)育苗效果好 育苗时间缩短，秧苗素质提高，同品种、同苗龄的幼苗株高、茎粗、叶片数均有增加，雌花节位降低。

(4)提高植株抗病能力 可改善温室内小气候，植株的抗病能力增强，减少农药使用，从而减少污染。

(5)提高蔬菜产量 张挂反光幕日光温室的蔬菜产量、产值明显增加，尤其是冬季和早春增效更明显。

2. 反光幕的应用方法 每667平方米温室的反光幕用量为200平方米。张挂镀铝聚酯膜反光幕的方法有4种：单幅垂直悬挂法、单幅纵向粘接垂直悬挂法、横幅粘接垂直悬挂法、后墙板条固定法等4种方法。张挂时多随日光温室走向，面朝南，东西延长，垂直悬挂。张挂时间一般在 11 月末至翌年 3 月份，最晚延至 4 月中旬。其张挂步骤如下（以横幅粘接垂直悬挂法为例）：使用反光幕应按日光温室内的长度，用透明胶带将 50 厘米幅宽的三幅聚酯镀铝膜粘接为一体。在日光温室中柱上由东向西拉铁丝固定，将幕布上方折回，包住铁丝，而后用大头针或透明胶布固定，将幕布挂在铁丝横线上，自然下垂，再将幕布下方折回 3～9 厘米，固定在衬绳上，将绳的东西两端各绑竹棍一根固定在地表，可随太阳照射角度水平北移，使其幕布前倾 75°～85°。也可把 50 厘米幅宽的聚酯镀铝膜，按中柱高度剪裁，一幅幅地紧密排列并固定在铁丝横线上。150 厘米幅宽的聚酯镀铝膜可直接张挂。

3. 注意事项

第一，定植初期，靠近反光幕处要注意灌水，水分要充足，以免光强温高造成灼苗。使用的有效时间为 11 月份至翌年 4 月份。对无后坡的日光温室，需要将反光幕挂在北墙上，要把镀铝膜的正面朝阳，否则膜面离墙太近，因潮湿易造成铝膜脱落。每年用后，最好经过晾晒再放在通风干燥处保管，以备翌年再用。

第二，反光幕必须在保温达到要求的日光温室才能应用。如果保温不好，光靠反光幕来提高温室内的气温和地温，白天虽然有效，但夜间也难免受到低温的危害，因为反光幕的作用主要是提高温室后部的光照强度和昼温，扩大后部昼夜温差，从而把后部的增产潜力挖掘出来。

第三，反光幕的角度、高度需要随季节、蔬菜生长情况等进行适当的调整。日光温室早春茬蔬菜定植多在 12 月份至翌年 1 月份，此时植株矮小、地温低，影响缓苗，使用反光幕主要起到提高地温、促进缓苗的作用。冬季太阳高度角小，悬挂的反光幕一般较矮，贴近地面，以垂直悬挂或略倾斜为主。在蔬菜植株长高后，植株叶片对光照的要求增加，尤其是早、晚光照较弱时，反光幕主要起到提高光合作用的目的。此时植株高、太阳高度角变大，悬挂反光幕也需要适当调整，反光幕底部位置提高到植株顶点附近，角度以底部略向南倾斜为宜，以保证上午8时30分至9时反射光线基本与地面水平为好。一般情况下，反光幕与地面保持在75°～85°角。进入4月份以后，随着气温的逐步回升，光照充足，制约深冬蔬菜生长的光照不足、气温偏低的短板已不再存在，晴天时甚至会出现光照过强、温度过高的问题，反光幕也已完成了其作用，应及时撤掉。

(八)阳 光 灯

"万物生长靠太阳"。由于冬季光照弱、时间短，9000～20000勒光照时数仅有6～7小时，而蔬菜要求10小时以上，才能达到最佳产量状态，所以光照不平衡已成为当今制约日光温室冬春茬蔬菜高产优质的主要因素。为了解决日光温室增产问题，寿光市菜农引进了阳光灯技术，解决了冬季日光温室因光照带来的弱秧低产问题。

1. 增产原理

(1)促使蔬菜长根和花芽分化　冬季蔬菜常见不良症状是龟缩秧头、徒长、茎细节长花弱、化瓜、畸形瓜、小叶、叶凋等，均系温度低和光照弱引起的病症。如靠太阳光自然调节，少则十天半月，多则1～2个月，以上病症才能起到缓解，严重影响产量和效益。在日光温室内装备阳光灯，其中的红、橙光促扎深根，蓝、紫光促进花芽分化和生长，作物无障害生育，增产幅度可达1～3倍，加之弱光期因产量低引起的价格上涨，又可增值1～2倍。蔬菜又有深根长果实、浅根长叶蔓的习性，补光长深根还可达到控秧促根、控蔓促果的效果。

(2)提高蔬菜秧的抗病增产优质作用　高产栽培10要素的核心是防病。种、气、土是病菌的载体；水、肥是病菌的养料；温、密是环境，光照是抑菌灭菌，增强植物抗逆性的生态因素。日光温室内温度每提高2℃，空气相对湿度下降5%左右；光照强度增加10%，病菌特别是真菌可减少87%，所以冬季温室内要消除病害，升温降湿，补光以提高植物体含糖度，增强耐寒、耐旱力及免疫力，是抑菌防病最经济实惠的办法。补光还能减少用药、用工等开支和产品污染程度，生产无公害绿色食品。

(3)*延长日光温室作物光合作用效应*　日光温室多在冬季应用，早上光适温低，下午温室西墙挡光，每天浪费掉30～60分钟的自然适光，日光温室建筑方位只能坐北向南偏西5°～9°。在蔬菜中进行补光生产，日光温室可建成坐北向南偏东，太阳出来，作物可很快进入光合作用的适温和适光环境。下午在15℃～20℃时，打开阳光灯补光1～3小时，每天能将5～7小时的适宜光合作用环境延长1～3小时，增产幅度可提高20%以上。

2. 安装　阳光灯配套件为220V/36W灯管，配相应倍率的镇流器灯架，每天在无光时可照射17平方米面积，弱光时可照射30～60平方米。灯管布局以温室内光的照度均匀为准，阳光灯距离被照射植株的高度以1.5～2米为宜。因太阳光受云层影响，时弱时强，蔬菜需光强度为1万～6万勒，苗期和生育期有别。安装时，每灯均须设开关，以便根据生物生长需求和当时的光强度进行调节。用220V、50Hz电源供电，电源线与灯总功率匹配。电源线用铜线，直径不小于1.5毫米，接头用防水胶布封严。

3. 应用方法　在育苗期，上午7～9时、下午4～6时与太阳一起形成9～11小时的日照，培育壮苗。在连阴雨天，全天照射，可避免根萎秧衰。结果期早上或下午室温为15℃以上，但光照强度在9000～20000勒以下时，应开灯补光。

(九)温度表

温度表是日光温室蔬菜生产中必不可少的重要工具，菜农需通过它显示的温度来确定是否应关闭通风口和盖草苫的时间。一旦上面显示的有误差，对蔬菜管理会造成很大影响。只有正确悬挂，才能准确测定温室内的温度。

1. 确定悬挂的位置 很多日光温室里温度表悬挂的位置很乱，大部分悬挂在温室后通风口下面，还有悬挂在温室前脸处的，这都是不正确的。如悬挂在通风口下面，通风时外界的冷空气进入温室内，直接造成后部温度快速降低，温度变化频繁，极不稳定；还有的温室后墙上温度变化快，根本不能准确反映蔬菜生长空间的温度。而悬挂在温室前脸处，此处地温较低，与外界接触面大，散热较快，气温比较低，若温度表悬挂在此，数据也不准确。正确的悬挂位置是在温室中部(图 20)，此处距离墙体、通风口等容易进风的地方均较远，能显示出准确的温度。

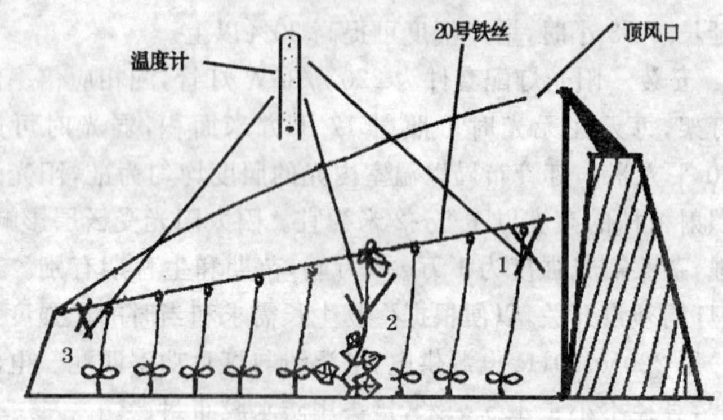

1. 温室后部 2. 温室中部 3. 温室前脸处

图 20 日光温室内悬挂温度计位置图示

2. 温度表悬挂高度要随着蔬菜高度变化 大多数菜农在悬挂上温度表后，一般都不再挪动它，这也是不正确的。温度表的悬挂高度需要随植株高度不断调整，以准确反映植株生长点附近的温度。植株高度都超过温度表了，但菜农还不调整温度表的高度，这样温度表就藏在植株顶部之下，测定出来的温度偏低。若根据温度表上显示的温度来管理蔬菜的话，蔬菜生长很难正常。正确的悬挂方法应悬挂在植株生长点下 10 厘米处（见图 20 中“2”的位置），并要随着蔬菜的生长随时调节温度表悬挂的高度，这样才能测出准确的温度，根据温度的变化采取相应的措施。

（十）防虫网

防虫网覆盖栽培是一项增产实用的环保型农业新技术，通过在温室棚架上构建人工隔离屏障，将害虫拒之网外，切断害虫（成虫）繁殖途径，有效控制各类害虫（如菜青虫、菜螟、小菜蛾、蚜虫、跳甲、甜菜夜蛾、美洲斑潜蝇、斜纹夜蛾等）的传播以及预防病毒病传播的危害，确保大幅度减少菜田化学农药的施用，使产出的蔬菜符合无公害的要求。

1. 防虫网种类 防虫网是一种采用添加防老化、抗紫外线等化学助剂的聚乙烯为主要原料，经拉丝制造而成的网状织物。它与塑料布等覆盖物的不同之处在于网目之间允许空气通过，但能将昆虫阻隔于外界。防虫网的规格主要包括幅宽、丝径、颜色、网孔密度等内容。幅宽通常为 1～1.8 米，最大可到 3.6 米；丝径范围是 0.14～0.18 毫米；颜色有白色、银灰色、黑色等，但以白色为主。如果要加强遮光效果，可选用黑色防虫网，银灰色的防虫网避蚜虫效果更好。目前生产上推荐防虫网使用的目数是 20～40 目，以 20 目、25 目、32 目为主。

2. 防虫网的作用

（1）防虫　蔬菜覆盖防虫网后，基本上可免除菜青虫、小菜蛾、甘蓝夜蛾、斜纹夜蛾、黄曲跳甲、猿叶虫、蚜虫等多种害虫的为害。据试验，防虫网对菜青虫、小菜蛾、豇豆荚螟、美洲斑潜蝇防效为 94%～97%，对蚜虫防效为 90%。

（2）防病　病毒病是蔬菜上的灾难性病害，主要是由昆虫特别是蚜虫传病。由于防虫网切断了害虫这一主要传毒途径，因此大大减轻了病毒对蔬菜的侵染，防效为80%左右。

3. 网目选择

购买防虫网时应注意孔径的大小要适宜。蔬菜生产上以25～40目为宜，幅宽1～1.8米。白色或银灰色的防虫网效果较好。防虫网的主要作用是防虫，其效果与防虫网的目数有关，目数为25.4毫米见方的范围有经纱和纬纱的根数，目数越多，防虫的效果越好，但目数过多会影响通风效果。防虫网的目数是关系到防虫性能的重要指标，栽培时应根据防止虫害的种类进行选取，一般蔬菜生产中多采用25～40目的防虫网。使用防虫网一定要注意密封，否则难以起到防虫的效果。

4. 覆盖形式 夏季日光温室前部和通风天窗最好安装25～40目的防虫网(图21)，这样既有利于通风，又能防虫。为提高防虫效果，必须注意以下两点：一是全生长期覆盖。防虫网遮光较

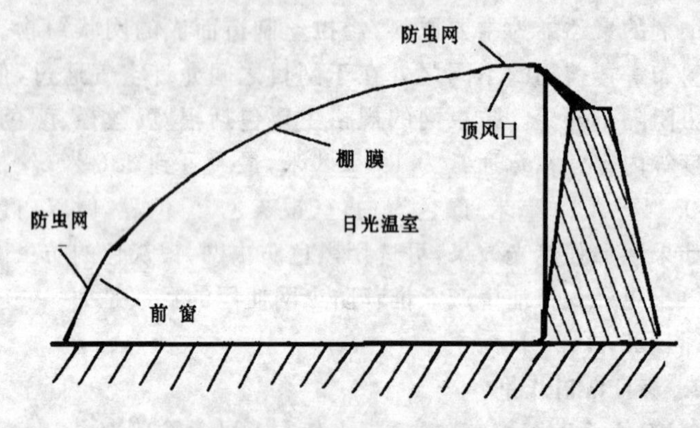

图21 日光温室防虫网覆盖方式

少，无须日盖夜揭或前盖后揭，应全程覆盖，才能收到满意的防虫效果；二是实行土壤消毒。在前作收获后，及时将前茬残留物和杂草清除出温室集中烧毁。对整个温室喷洒农药以灭菌杀虫。

(十一)遮阳网

遮阳网又名遮荫网、遮光网、寒冷纱或凉爽纱。它是以聚烯烃树脂作基础原料，加入防老化剂和其他助剂，熔化后经拉丝编织成的一种轻型、高强度、耐老化的新型网状农用塑料覆盖材料。

1. 遮阳网种类　常用的遮阳网有黑色、银灰色、黄色、蓝色、绿色等多种，以黑色、银灰色最普遍。黑色遮阳网的遮光度较强，适宜酷暑季节覆盖。以银灰色的遮阳网透光性较好，有避蚜和预防病毒的作用，适用于初夏和早秋季节覆盖。遮阳网一般的产品幅宽为 0.9～2.5 米，最宽的达 4.3 米。目前，以幅宽为 1.6 米和 2.2 米的使用较为普遍。

2. 主要功用

(1)降低温室内的气温及地温，改善田间小气候　使用遮阳网可显著降低进入日光温室内的光照强度，有效地降低热辐射，从而降低气温和地温，改善蔬菜生长的小气候环境。一般使用遮阳网可使日光温室内的气温较外界降低 2℃～3℃，同时有效地避免了强光照对蔬菜生产的危害。据测定，高温季节可降低畦面温度 4.59℃～5℃，炎热的夏季最大降温幅度为 9℃～12℃。

(2)改善土壤理化性状　雨季菜地容易板结，使用遮阳网能保持土壤良好的团粒结构和通透性，增加土壤氧气含量，有利于根系的深扎和生长，促进地上部植株的生长，达到增产目的，还能使雨天直播或育苗的种子出土良好。

(3)遮挡雨水　遮阳网能防止大暴雨直接冲刷畦面，减少水土流失，保护植株和幼苗叶片完整，提高商品率和商品性状。据测试，采用遮阳网覆盖后，暴雨冲击力比露地栽培减弱 98％，降雨量减少 13.29％～22.83％。

(4)减轻土壤水分蒸发　保持土壤湿润，使用遮阳网可防止畦面板结。据调查，覆盖遮阳网后，土壤水分蒸发量比露天栽培减少

60%以上。

(5)减轻病虫危害　据调查,遮阳网避蚜效果达88.8%~100%,对蔬菜病毒病的防效为89.8%~95.5%,并能抑制蔬菜多种病害的发生和蔓延。

3. 选用遮阳网的原则

第一,蔬菜为喜温的中、强光性蔬菜,夏秋季栽培蔬菜应根据光照强度选用银灰色网或选用黑色SZW-10等遮光率较低的黑色遮阳网;避蚜、防病毒病最好选用SZW-12、SZW-14等银灰色网或黑灰配色遮阳网覆盖。

第二,夏秋季育苗或缓苗短期覆盖,多选用黑色遮阳网覆盖。为防止病毒病,亦可选用银灰色网或黑灰配色遮阳网覆盖。

第三,全天候覆盖的,宜选用遮光率低于40%的遮阳网或黑灰配色网覆盖。

4. 日光温室覆盖方式　日光温室覆盖是指在温室棚体上覆盖遮阳网的覆盖方式。覆盖方式主要以顶盖法和一网一膜两种方式为主。顶盖法是在日光温室的二重幕支架上覆盖遮阳网;一网一膜覆盖方式是指覆盖在日光温室上的薄膜,仅揭除围裙膜,顶膜不揭,而且在顶膜外面再覆盖遮阳网。寿光市菜农大多采用一网一膜覆盖方式。

遮阳网覆盖栽培的技术原则是:看天、看作物灵活揭盖;晴天白天盖,夜间揭;阴天全天不盖。如温度在30℃以上,一般在上午8时至下午4时覆盖。

(十二)防浇水冲坑的专用设施

日光温室内种植行靠近出水口处经常被冲出一个大坑,为防止浇水冲坑,应设置专用设施,在出水口处设置PVC管,并在每个PVC管前设置一段水袋,而且在每个出水口处放置一块瓦片,这样浇水时就不会冲出坑了。

(十三)日光温室防风后盖

冬季多刮西北风或北风,覆盖防寒膜后,会有一部分风从日光温室后墙未压实的防寒膜下通过,因此防寒膜的南端无须压实,而应敞开。如果冬季风力过强,易把防寒膜吹破,甚至把草苫或保温被掀起,造成蔬菜冻害。根据寿光菜农的经验,可在日光温室后坡处再设置一块与防寒膜同长、宽约1.5米的旧薄膜,以东西向设置在日光温室顶部,而后把这块棚膜的一边(宽约20厘米)用土盖严、压实。在放下草苫或保温被覆盖上防寒膜后,再用这块薄膜把防寒膜盖上,这样就能防止北风吹入防寒膜内,避免将其鼓坏。实践证明,日光温室上设置"防风后盖"成本不高,但防风效果却很好,菜农朋友不妨一试。

特别提醒:春季日光温室防风措施要到位

春季大风天气频繁,稍有不慎,温室棚膜就可能被撕毁、草苫被刮翻,或引起着火。故温室防风、防雨、防雪、防火非常重要,要注意做好以下工作:①注意坚持收听广播、收看电视的天气预报节目,对近期数天内是否会出现大风天气做到心中有数,提前预防。②注意经常性地对温室进行全面检查,排除风害隐患。一是检查压膜线,对松动的压膜线应重新拉紧;对已经老化的或断裂的压膜线,应及时更换。二是检查棚膜是否有破损处,如发现破损应及早修补好。③重点对温室后坡草苫进行固定。生产中,菜农在盖完草苫后,总是担心草苫被风吹跑,所以选择用浮膜来覆盖草苫,但是,浮膜能覆盖的范围约占整个草苫的4/5,也就是说铺在温室后坡上的草苫,浮膜根本覆盖不全,故在覆盖好浮膜的基础上,需进一步固定温室后坡的草苫。其方法如下:选一根6号的钢丝,扯在温室后坡草苫内20厘米处,两边固定在东西山墙下的坠石上,然后用紧线机拉紧。或者在温室后坡上每隔10米,用石头将固定好的钢条压住,防止钢条变松后,草苫被风吹走。

(十四)温室前沿处设置挡水膜

温室前沿处的蔬菜一般感染病害多、发病较重。温室内的水珠会通过薄膜流到温室前沿处，溅到前缘处的蔬菜上，日积月累，致使温室前沿处形成高湿的环境，为病菌的繁殖蔓延创造了有利条件。为此，应在温室前沿处设置一块挡水膜（在温室前沿处挂一层薄膜），把水珠挡在膜外面。具体做法：首先在温室前沿处横着扯一条钢丝，然后在温室每间前沿处挂一层薄膜（实际上用的是地膜），薄膜底下用土压紧，为了防止薄膜被刮掉，应在钢丝上用几个塑料夹固定。须注意的是，为了让所挂的薄膜也起到保温功能，在挂薄膜时，一定要上下拉紧，下面用土压严，不要让其接近前沿处的棚膜。因温室内水珠都会流到前沿处，薄膜变湿后，很容易贴近棚膜。因为温室内湿度大了，就会在棚膜上形成一些小水珠，这些小水珠就会通过棚膜流到前沿处，很容易溅到前沿处的蔬菜上，这样日积月累，致使前沿处的蔬菜发病严重。在前沿处挂上挡水膜后，不仅能隔离水珠，还能起到保温作用，一举两得。

（十五）温室前脸设置导水渠

温室前薄膜上流下的积水常浸湿温室前下面的土壤，导致深冬时温室前部土壤温度低、湿度大，此处蔬菜也因此发病重、产量低。过去不少菜农为了解决温室前膜上流下的积水问题，曾采取在温室前湿土上覆盖薄膜、温室前挖沟等办法，但效果甚微。通过总结经验，最后通过温室前设置水渠将膜上流下的积水导出温室外，很好地解决了温室前积水的问题。

水渠的组成：一条东西向的铁质或硬塑料的“V”形管、浇地用的废旧水带从平面处剪成两等份，然后再剪一条长约 2 米的水带。首先要设置东西向“V”形管道，绑在温室前立柱上距立柱顶约 50 厘米处即可，要设置成东西方向有一定的倾斜度，以利于积水顺坡度流出。将剪好的水带打开呈“U”字形，铺在“V”形管内（图 22）。且将水带的一侧与薄膜相接，以利于膜上流下的积水全都流入水渠内。铺设水带是为了增加水渠接收膜上滴水的面积。在管道低的一头，绑上两米的水带，把积水导出温室外。

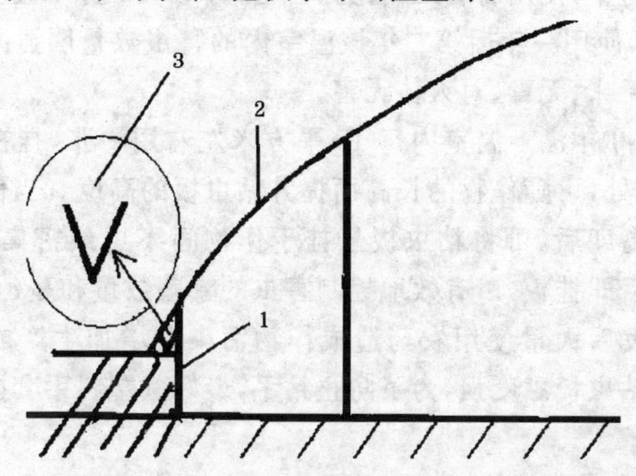

图 22　日光温室前脸处导出水渠设施图示

1. 前立柱　2. 棚膜　3. "V"形管

(十六)粘 虫 板

当前，已在蔬菜温室中推广使用的粘虫板可防治多种蔬菜害虫的成虫，温室中使用杀虫剂的数量大大减少，降低了温室蔬菜的生产成本，提高了产品质量。

1. 粘虫板的优点

(1)*粘虫范围广*　粘虫板对多种害虫的成虫有效，使成虫来不及交尾、产卵就在飞行过程中被粘死，因为此板为黄色，并有多种性诱剂，充分利用了多数成虫有趋向性的特点，尤其对潜叶蝇、白粉虱、蚜虫等害虫有特效。

(2)*可有效预防虫传病害病毒病的传播*　刺吸式口器成虫为害作物是造成病毒病传播的重要途径之一。防住了害虫，就防住了病毒病的传播，从而也减少了用于防治病毒病农药的用药，降低了生产成本和作物农药残留量。

(3)*省工省力，无毒无害*　每张粘虫板可使用半年以上，直到粘满害虫为止，使用时省工、省力、省心，每667平方米温室仅需用50张左右，使用一年后第二年该温室内的害虫数量明显减少。同时该产品无味、无毒、对人体无害。

2. 使用方法 温室内每15平方米左右用一张，挂在高于作物10厘米处，可随作物的长高而提升粘虫板的高度。当作物生长达到一定高度后，可将粘虫板悬挂于作物间飞虫最密集的地方。作物定苗后即挂板，以有效地控制害虫的繁殖数量和蔓延速度，避免害虫暴发后大量使用农药造成作物污染并增加生产成本的后果。由于粘虫板黏度强，为了防止粘手，最好戴塑料手套操作。

3. 粘虫板的维护

(1)粘虫板要随着蔬菜的生长随时调整高度 粘虫板悬挂的高度应在植株生长点之上15～25厘米处，这样可以保证其最佳的吸引害虫、粘杀害虫的效果。很多菜农的粘虫板悬挂上以后就没有调整过高度，使粘虫板淹没在植株枝叶之中，害虫看不到粘虫板，自然就起不到吸引和粘杀害虫的目的。

(2)粘虫板要定期涂抹胶体或机油 如粘虫板悬挂时间过长，上面粘满了害虫和尘土，黏度降低，粘虫效果变差。为维持其粘虫效果，可视情况每隔10～15天涂抹一次胶体或机油(最好加入少许黄油增加其黏性)，以保证其杀虫效果。

还应该看到的是，粘虫板在虫害发生初期还可起到较好的作用，一旦虫害暴发，粘虫板的防虫效果就十分有限了，这时粘虫板的优势主要是作为温室害虫的“警报器”，提醒菜农早发现害虫的为害，必须采取药剂防治，才能起到最佳效果。

五、大跨度半地下日光温室的维护

大跨度半地下日光温室在长期的使用过程中，会出现种种问题，比如竹竿折断、墙体坍塌等。因此，必须注意对大跨度半地下日光温室的维护和整修，以保持其良好的功能，延长其使用寿命，从而创造出更大的经济效益。

（一）墙体维护

蔬菜生长所需的要素之一即温度与大跨度半地下日光温室的墙体密切相关。这是因为，白天三面墙体的土层可蓄积热量，到了夜间又可向温室内不断地释放热量，以维持温室内的温度，从而满足蔬菜生长的需求。

维护后坡是大跨度半地下日光温室墙体维护的关键。其方法是，对于新建的大跨度半地下日光温室，要等平整好后屋面土层后，才好使用一整幅新塑料薄膜覆盖后墙。为了降低成本，可利用旧棚膜，但要将破损处用胶带粘住，最好能覆盖 2 层，以确保防止雨雪渗透，保护墙体。而后，在塑料薄膜之上加盖一层无纺布等防晒材料，可保证护坡年限在 4 年以上，同时又能起到防除杂草的作用，避免通过通风口传播虫害及病害，尤其是病毒病。最后，温室棚顶和后墙根各东西向拉根钢丝将其固定，或用编织袋装满土每隔 1 米压盖 1 次。

有些菜农认为新建的温室后墙土比较疏松，覆盖“护坡”材料后易散落。其实不然，假若当年建成的大跨度半地下日光温室不及时“护坡”，一旦遇上大雨，极易将其冲垮，风险性非常大。

护坡完毕之后，应尽量注意保护温室棚顶处的无纺布和塑料薄膜。同时，也不宜在温室棚顶之上埋设用于拴系压膜绳的地锚，因“后屋面”的土层较为疏松，且土层较薄，埋设地锚不够牢固。如果温室地锚在“后屋面”埋设，易被大风拔出，导致棚膜受损。故该处地锚最好能埋设在后墙根处，这样既安全，又能加固“护坡”材料。对于使用多年的温室而言，其护坡方法基本相同，唯一的区别是，要事先通过人工或挖掘机将脱落碎土重新堆砌到大跨度半地下日光温室后坡上，而后再进行一系列的护坡工作。

此外，部分菜农在使用后墙固定式卷帘机过程中，由于卷帘机支架直接穿过大跨度半地下日光温室后屋面，因而在后墙上形成缝隙，雨水易通过缝隙渗透到后墙内部，久而久之，便会造成坍塌。因此，卷帘机支架不要直接穿过大跨度半地下日光温室后屋面，如果已经安装，应改进做成水泥圆盘底座，并修复所产生的缝隙。

（二）墙体坍塌后的补救措施

用长木棍临时顶起温室棚面，将墙体坍塌斜面上的土方去掉后，先在墙体上按照坍塌的斜面轮廓挖出宽约35厘米的水平平面，再用质量较好的塑料编织袋将坍塌土方盛装，将这些塑料编织袋依次垒垛在墙体上已经挖出的平面上。采取这种方法要注意3点：一是要使用质量好的塑料编织袋，以延长使用年限；二是塑料编织袋盛装土方最好选择黏土，并将这些土方适当淋湿，以便其堆积成形；三是塑料编织袋垒垛时，外表最好也能够形成一个竖直方向上向墙体内侧倾斜的斜面。这就要求在将墙体崩塌斜面的土方去掉时，也在墙体的竖直方向上砌出一个斜面来。

另外，温室墙体坍塌后，如果是在夏天，则须用混加麦秸的泥垛起墙体来，这样的好处是使用年限长，但费时费力。如果想省事、快捷，投资又小，用塑料编织袋盛装泥土垒垛是一个很好的方法，尤其是在冬季温室内有作物的情况下，这种方法更适宜。

（三）后砌水泥柱断裂后的修复

日光温室后屋面承载的压力最大，一是来自覆盖的保温层、防水层和土层的压力，二是当草苫卷起后产生的压力。由于后砌水泥柱所承载的压力大，如果选择钢筋少、质量差的水泥柱，就会承受不住巨大的压力而断裂。

安装水泥柱时方向错误也会导致断裂。后砌水泥柱安装时4

根钢筋的一侧须向下，2 根钢筋或具有斜面的一侧向上。这是因为后砌柱上向下的压力被立柱支撑后，全部集中在水泥柱的下侧，如果是 2 根钢筋的一侧向下，就会由于受不住巨大的力量而断裂。

后砌水泥柱断裂后更换非常麻烦，需要先把后屋面清理干净，撤掉薄膜和钢丝后才能更换，这在种植过程中是不可能做到的。那么如何来修补断裂的水泥柱呢？最好的方法就是用槽钢修复。具体做法是：选择宽度正好和水泥柱相吻合的槽钢，将其切割成一定长度后，嵌到断裂的水泥柱下方，两头用铁丝固定，立柱正好顶在槽钢上，简便而牢固，使用时间长。同时，当有立柱出现断裂时，也可以使用这样的槽钢固定。

（四）前后屋面维护

当前，大跨度半地下日光温室的屋面可分为前屋面和后屋面两种形式。

1. 前屋面的维护　大跨度半地下日光温室的前屋面上最主要的就是棚膜。在换膜维护中，一定要选购适宜于大跨度半地下日光温室的薄膜，并通过正确的棚膜覆盖方法，延长棚膜的寿命。

目前，不少菜农的棚膜覆盖存在以下两个问题。一是棚膜的选购有误。一般而言，大跨度半地下日光温室薄膜共分两幅，一幅为屋面棚膜，另一幅为通风棚膜。前者应选购透光率高、无滴消雾性强、寿命长的聚氯乙烯或乙烯-醋酸乙烯高温复合膜，后者选购使用聚乙烯棚膜。可是，有些菜农在更换棚膜时选用聚氯乙烯成分的薄膜做通风棚膜，其实这是不对的。如青州一菜农的大跨度半地下日光温室长 100 米，由于聚氯乙烯成分的薄膜伸缩性大，这位菜农仅仅使用了 90 米长、2.2 米宽的这种棚膜。结果，本来在通风口处屋面棚膜与通风棚膜重叠 30 厘米，可保证“闭风”效果，可是，时间一久，具有伸缩性的聚氯乙烯薄膜开始收缩，导致了闭风不严实。假若是冬季夜间，闭风不严实，易造成蔬菜冻害发生。

因此,不要选用聚氯乙烯薄膜作通风棚膜。二是覆盖温室膜的方法不对,结果棚膜多处“受伤”,直接影响了棚膜使用寿命。大跨度半地下日光温室棚膜正确的覆盖方法宜选择在晴天、无风的下午进行,第一步:拉膜上棚。温室东边需 20 人,每隔 5 米站 1 个人,依次抬起棚膜,沿着温室前面,将棚膜一端抬到温室西边。而后,其中的 10 人拉起带有拉绳的棚膜一边,从温室底部上去,沿着拱杆向上走,将薄膜拉上棚面,剩下的 10 人在原地抱着棚膜,帮助另外 10 人拉膜。第二步:固定膜上端。一人先在温室东边将钢丝固定在拉绳上,另一人在温室西边拉动拉绳,顺势把钢丝穿过棚膜,之后,再把钢丝这一端固定在温室西墙根处的地锚上,钢丝另一端用紧线机固定。最后用铁丝把棚膜上端捆绑在竹竿上,每隔一竹竿捆绑 1 次。注意捆绑后的铁丝头要朝下,避免扎破通风棚膜。第三步:固定膜两端。先用该处棚膜边缘将长约 10 米的竹竿包好,而后 10 人拿起竹竿往下拽,待将其拽紧后,便可用铁丝将其固定在地锚上,约 50 厘米固定一处。为了加强牢固性,建议铁丝在钢丝上呈 S 形缠绕。按照同样的方法,再将温室东边的棚膜端固定。第四步:埋压膜前端。在温室前沿处,需 5 人从温室东边用竹竿卷棚膜前端,下拽拉紧棚膜后,另 5 人用土埋压棚膜并踩实。待温室的通风棚膜也覆盖后,便可上压膜绳加强棚膜的牢固性。压膜绳上端系在温室顶部的地锚上,下端系在温室前沿的地锚上,可每隔 2 米设一处压膜绳,注意拉紧后固定牢。有的菜农的压膜绳是从上至下倾斜式拉放的,而不是上下直着拉。这种做法是错误的,由于压膜绳倾斜式拉放,使得其横跨在(大竹竿或钢管)拱杆上,揭盖草苫时间一长,压膜绳与棚膜来回摩擦,易导致棚膜出现破损。

在大跨度半地下日光温室前屋面中起支撑作用的棚面竹竿也是经常要进行维护的部分。近几年,一种云南实心竹竿逐渐受到寿光日光温室建造户的青睐,其原因有二:一是它不易开裂,使用寿命长，能有效保护棚膜；二是由于它比较细，对温室内蔬菜的遮荫作用小。也可以选用特制的 PVC 管来代替普通竹竿。

2. 后屋面的维护　一些棚龄在 5 年以上的温室，其后屋面的覆盖物会因年久失修而出现损坏。因此，对大跨度半地下日光温室的后屋面要进行合理的维护。

(1)重新更换棚膜钢丝　因后屋面承载力大，需重新密集铺拉钢丝，钢丝间距以 10～15 厘米为宜。可先在大跨度半地下日光温室东西向一头的底部埋设地锚，而后拴系好钢丝，将其横放在后砌柱之上，并每间隔一后砌柱捆绑一次，最后将钢丝的另一头用紧线机固定牢即可。

(2)覆盖保温、防水材料　待大跨度半地下日光温室后屋面的东西向钢丝铺拉完毕后，先检查一下是否有向上翘的铁丝头，若有向上翘的铁丝头要用钳子将其下弯，以免扎破保温、防水材料；若无向上翘的铁丝头便可着手进行覆盖。可选用的保温、防水材料有塑料薄膜、草苫、毛毡、无纺布和苇箔等。首先，选一宽为 4～6 米、与温室同长的新塑料薄膜，一边先用土压盖在距离后墙边缘 20 厘米处，而后再将其覆盖在后屋面的钢丝棚面上。棚面顶部可东西向拉一条钢丝，固定塑料薄膜的中间部分。然后，再把事先准备好的草苫或苇箔等保温材料(3 米长、1.6～1.8 米宽)依次加盖其上，注意保温材料的下边缘要在塑料薄膜之上，以防止沾水腐烂，缩短其使用寿命。为提高保温效果，加盖的保温材料以一层草苫加一层毛毡为宜，这样寿命长且经济实惠。其次，为防雨雪浸湿保温材料，需再把塑料薄膜剩余部分回折到草苫和毛毡之上。注意保温材料上边的塑料薄膜要超出温室后墙边缘，把保温材料包裹严实。

(3)覆土　从温室一头开始，使用挖掘机从温室后取土，然后将土一点点地堆砌在后屋面上，每加盖 30 厘米厚的土层，可用铁锹等工具稍加拍实。另外，要特别注意上土的高度，以不超过大跨度半地下日光温室屋顶为宜，且要南高北低。如果后屋面上土高度超过温室屋顶的高度，大雨来临时，泥土就会被冲刷到前屋面上，有时会顺着通风口流入温室内。另外，若后屋面上土过多，易增加后砌柱的承载能力而降低安全系数。

(五)温室内设施的维护

温室内设施主要指有立柱大跨度半地下日光温室的室内立柱。在大跨度半地下日光温室内，立柱的主要作用是支撑拱杆，防其弯折。可是，不少大跨度半地下日光温室刚刚建成没半年，就出现了立柱断裂现象。据观察，出现断裂的立柱多为从北往南数的第四排，断裂的位置在立柱下端 40 厘米处，立柱裂痕呈横向，由南侧向北侧扩展。造成如此情况的主要原因就是埋设该立柱时未将其向南倾斜，而是垂直于地面，结果在不断使用撑杆式卷帘机卷拉草苫的过程中，形成的巨大推力通过拱杆作用于该排立柱，进而使其折断(注:垂直于地面的立柱所能承载的作用推力要远远小于稍微向南侧倾斜的立柱)。受大跨度半地下日光温室建造的制约，一旦温室内立柱出现折断，重新更换立柱的难度就比较大。因此，如果仅仅是立柱出现轻微断痕，可采取在其一旁增设加固短立柱(1.2 米左右)的办法进行维护。该法同样适合于加固后立柱，只不过要埋设一根与后立柱同高的立柱。

无立柱大跨度半地下日光温室随着其使用年限的增加，这类温室的骨架易发生变形，建议在温室内相应位置增添立柱，以支撑住变形的骨架。

(六)附属材料或设备的维护

大跨度半地下日光温室的附属材料或设备，主要包括草苫或保温被、浮膜、卷帘机等。

1. 草苫的维护　每年五一节前后，日光温室无须再覆盖草苫后，便可将其一床床卸下放置在温室后墙上，用雨布覆盖，防止其被雨水浸湿而霉烂。待要上草苫时，先在太阳下暴晒 2 天，再以“品”字形覆盖法进行安放。假若使用卷帘机，可将其直接放置在温室顶部，并用雨布包裹即可。为了延长草苫寿命，使用卷帘机卷放的草苫，需用尼龙绳把每一床草苫缝合起来，以免拽断草苫上的经绳。实践证明，在草苫底部增添一层无纺布和塑料薄膜效果非常好。其做法是：在温室覆盖草苫前，先将无纺布和塑料薄膜一块平铺在棚膜上，再用细钢丝每隔 3 米将其上端固定在温室后墙上的东西向拉绳上，然后，再把草苫覆盖其上，最后用细钢丝将两者的上下两头连接起来即可。

2. 浮膜　日光温室浮膜在更换维护中需重点注意以下两点：一是尽量选用“表面黑内里白”的有色浮膜。二是在日光温室后墙顶部设置防风后盖，以免遇到大风刮坏浮膜。

3. 卷帘机　在卷帘机维护中应注意以下 4 点：一是接通电源时，要防止缺一相电源，如果缺一相电源会烧坏电机。二是主机的传动部分（如减速机、传动轴承等）要每年添加一次润滑油。三是在安装过程中，要把卷帘绳子的长度（松紧）调整成一样长，使卷起的草苫处在一条直线上。在使用过程中要经常对卷帘绳子进行调整，如果绳子长短不齐，草苫松紧不一样，卷起的草苫会“跑偏”，这将会加大卷帘机和卷轴的扭矩力，影响使用效果或损坏卷帘机和卷轴。四是每年要对卷帘机部件涂一遍防锈漆。

（七）温室钢丝断裂后如何连接

不少棚龄超过 5 年的温室，棚面钢丝存在不同程度的断裂情况。钢丝断裂后会对棚面上的竹竿失去支撑能力，如果相邻的两根以上的钢丝同时断裂，就会使竹竿长 1.2 米左右的地方失去支撑，导致竹竿断裂，将棚膜弄破，影响温室的保温性，因此菜农应及时采用以下方法将断裂的钢丝连接起来。

方法一：钢丝断裂后，可以另外用一根长 50 厘米左右的钢丝进行连接。首先，将断裂钢丝的断头弯成“U”形，连接钢丝两头也要弯成“U”形备用。然后使用两个紧线机夹住断裂的钢丝，将紧线机的铁钩连在一起，然后将钢丝抻紧，再将钢丝的“U”形扣相互扣在一起即可。由于钢丝具有硬脆性，当钢丝承重后，“U”形扣会收紧。为防止钢丝折断，可在“U”形扣的中间加一块 2 厘米粗的实心硬木，这样就不会将钢丝再次折断。但是连接处的钢丝要用布条将其缠紧，防止钢丝头划破棚膜。

方法二：用花篮螺丝将断裂的钢丝连接在一起。首先将断裂的钢丝一端连接在花篮螺丝的螺母的钢圈上，另一端连在螺丝的钢圈或钢钩上，使用紧线机将钢丝抻紧，将螺丝与螺母拧在一起，将紧线机除去，而后进一步旋转螺丝或螺母，将钢丝抻紧即可。

方法三：用一根长 4 厘米左右、直径 1.5～2 厘米的钢管，将断裂的钢丝连在一起。使用紧线机将钢丝抻紧后，将钢丝拧在钢管上连接起来即可。注意连接时要将断裂钢丝的两头连在一起，防止造成脱扣。

采用以上方法连接后，如果钢丝再次出现松动，则应从温室的外侧将断裂的钢丝两端紧一下即可。同时也提醒菜农，在购买钢丝时应购买热镀锌的钢丝，这样的钢丝锌皮不易脱落，防锈性更好，使用年限更长，不易锈断；而冷镀锌的钢丝锌皮易脱落生锈，使用年限短，易生锈断裂。

（八）温室立柱下陷后如何处理

当前日光温室越建越高，有的温室立柱甚至超过 6 米，立柱自身的重量和温室保温设施的重量也越来越大，再加上温室建成后土壤松软，容易导致立柱下陷，影响温室性能。

造成日光温室立柱下陷的主要原因是温室内下挖深度过大，而回填土壤疏松，受压后向下沉降引起。所以，在此提醒新建温室的菜农，在新建温室砌好墙体、回填整平栽培床土壤后，一定要先灌满水将回填土夯实，整平后再进行一次“水夯”，保证土壤坚实，然后挖穴夯实穴底土壤后才能安装立柱。在安装立柱时，在立柱的底部使用红砖或石块垫底，可有效避免立柱下陷。

如果温室建好后回填土壤却没有夯实，导致立柱下陷的，菜农可将下陷立柱基部的土壤全部刨除，然后两人抱住立柱向上用力抬，使立柱顶部准确接触钢管，然后立刻往立柱的底部垫砖，以防止立柱再次下陷，最后将立柱周围的土壤进行回填。这种方法需要较多人手，当人手不够时，菜农可以利用杠杆进行。具体操作方法是：将立柱基部的土壤挖出后，在距离地面 70～80 厘米的地方使用尼龙绳将立柱与一根粗木棍绑好，在靠近立柱的一端垫一高凳，利用杠杆原理，将木棍压下时即可将立柱顶起来，另一人负责调整立柱以及在底部垫砖填土，这样两人便可轻松完成。

（九）防止温室前脸处土壤坍塌

近年来，随着日光温室下挖深度的增加，温室前脸处土壤坍塌现象越来越普遍。据调查，温室前脸处土壤坍塌的主要原因是此处渗进了雨水、雪水或棚膜上汇流于此的露水，在水分长期的浸润下，此处土壤牢固性很差，容易发生坍塌。预防温室前脸处土壤坍塌的措施有以下几点。

1. 温室前外侧的地面应整成北高南低 为使雨水和雪水能顺利从此处流走，菜农在建好温室后，须将此处的土壤整成北高南低。这样，下雨下雪后，雨水和雪水就不可能在此滞留、下渗，温室前脸处的土壤受到的影响也就减轻。

2. 在温室前外侧的地面上覆盖薄膜 为避免雨水下渗，在将地面整成北高南低的前提下，最好在上面覆盖一层旧棚膜，这样更保险一些。尤其是在温室前设置了防寒沟的温室，若此处保护不好，将导致雨水下渗，不仅会造成防寒沟不防寒，还极容易加剧温室前脸处土壤坍塌。因此，在温室前外侧的土面上铺设薄膜非常必要。

3. 将汇聚到温室前脸处的滴流引流到其他地方 温室前脸内侧的土壤，是棚膜上的露珠汇流之处，会造成此处湿度较大，更容易造成该处土壤坍塌，诱发病害。因此，菜农一定要采取措施，将汇流下来的滴流引流到其他地方。如用旧水带做成空中水渠引流就是一个好办法。

此外，温室前脸内侧的土壤应将其修整成斜坡，如果垂直设置，则很容易坍塌。有条件的菜农，可将温室前脸内侧的土壤修整成斜坡并设置水泥板，防止土层坍塌。

（十）新建温室待种前的维护

1. 保护墙体 日光温室的三面墙体，构成了其结构框架，同时，也是保证温室牢固性、保温性的关键。新建温室虽然在堆砌墙体中，采用了链轨车碾压，温室内又用了挖掘机砌墙，但是，三面墙体的内外两侧由于土质疏松，坡度较大，在遇到暴雨等天气时，易被雨水冲刷，严重的甚至出现部分墙体塌陷。假若墙体被雨水冲刷严重，再组织人手“护坡”养护，不仅费工费力，而且修补后的墙体也不再像原墙一样牢固。因此，新建温室在雨季来临前要做好墙体防雨准备。简单的方法是用完好无损的聚乙烯塑料膜覆盖，注意后墙处要把后屋面部分一同覆盖住，以防止该处塌陷。为了防止塑料膜覆盖后被风刮起，须在其下端坠砖压沉。

近年来，不少菜农采用新的后墙覆盖方式，即在平整好“后屋面”土层后，先使用一整幅新塑料薄膜覆盖后墙。假若想降低成本，可利用旧棚膜，但要将破损处用胶带粘住，最好能覆盖 2 层，确保雨水无法渗透，而后在塑料薄膜之上加盖一层无纺布等防晒材料，可保证“护坡”年限在 4 年以上，同时又能起到防除杂草的作用。

2. 防止生锈 多数新建日光温室均采用里外镀锌的钢管作

为"骨架"材料，但市面上出售的钢管多为 6 米一根，而温室的跨度在 10 米以上，因此，不少菜农建造温室时常将两个尺寸大小相同的钢管(多为 49.5 毫米钢管)焊接在一起加以利用，殊不知钢管在焊接的过程中会破坏镀锌层。调查发现，不少用户的钢管焊接处未加以任何处理，直接暴露在露天中。雨季过后，钢管焊接处便会生锈内蚀，时间一长，易发生断裂危险。因此，应在焊接处提前刷上防锈漆。

3. 排除洪涝　新建温室大多会把温室前的表土利用掉，可相对于温室内地表仍然较高，假若雨季来临雨水灌入棚内，一是会造成温室内立柱下陷；二是会浸泡三面墙根，两者的危害性都非常大。因此，必须做好雨季排洪涝工作。一是可采用混凝土对温室前脸进行处理，以避免该处土壤出现塌陷或冲刷。二是在温室前 0.5～1 米处挖设 1 米宽、0.5 米深的排水沟，有条件的可用水泥抹平(日光温室后墙处排涝与温室前排涝同样重要，亦需设置排水沟)。此外，栽培床下挖过深的温室如遇大雨而积水过多、下渗缓慢时，建议用抽水机排水，以确保温室的安全。

六、大跨度半地下日光温室建造中的误区

(一)温室下挖过深

这是当前大跨度半地下日光温室建造中存在的突出问题。造成这个问题的原因是多方面的。一是近几年有的菜农为了追求种菜效益，加大投入建造"高标准"大跨度半地下日光温室，使得温室高度越建越高，有的温室内高度超过 6 米，大大增加了温室墙体(北墙和东西两墙)的土方量，需要在温室内大量取土堆砌墙体，下挖也越来越深。二是有的菜农误认为温室内下挖越深越保温，越利于蔬菜生长，以至于出现了"地窖式"日光温室(栽培床距离地表

2.5米深），这些都是不合理的。三是有的温室建造者为了省工省时，在堆砌墙体的过程中，直接从温室内下挖取土，温室前土壤却没有利用，更增大了栽培床与温室前地表的高差。

日光温室之所以能够进行反季节喜温蔬菜栽培，是因为温室能够为蔬菜生长创造适宜的温度和光照条件。这与日光温室覆盖薄膜后，白天接受光照，温室内蓄热，夜间散热，反复进行的"温室效应"密切相关。温室栽培床下挖过深的害处主要有两个方面：一是必然会造成温室前脸处出现较长的遮荫带。处在遮荫带内的蔬菜将因温度过低而出现"低温障碍"。同时，蔬菜生长因缺乏光照而无法正常进行光合作用，导致"面黄肌瘦"甚至"饥饿"而亡。二是建造温室时把温室内熟土堆砌墙体利用后，裸露地表的是一层生土，有机质含量低，土壤有益微生物匮乏，透气性差，如果不加以改造，当季蔬菜生长必受影响。此外，大跨度半地下日光温室下挖过深，对于地下水位过高的地区（如山东菏泽、济阳等地）更不适合，种植的蔬菜（如番茄、黄瓜等）普遍出现沤根、死棵现象。

适宜于反季节喜温蔬菜生产的温室的要求是：采用钢管做骨架的，温室内最高立柱选用5.8米（下埋60～80厘米），后墙高度为4.5米左右，温室内下挖0.5～1.2米最为恰当。墙体用土应从温室前空地处挖取，下挖深度视情况而定，一般在0.5米以上。这样，可使温室前脸处的深度不足0.6米，减少了遮荫带面积，同时又能提高温室的保温性能。

建造温室要坚持"因地制宜"的做法。在耕作层浅、地下水位高的地区，要避免建造"半地下式"日光温室，更不能建造"地窖式"温室，而应减少下挖深度或直接在地表建造日光温室。

对于下挖过深的温室，应采取必要的补救措施：一是可以在能够保证温室整体牢固性的前提下，将温室前脸处的土层挖去，以增加透光面积。二是将水沟规划在温室南端，并作走道，而将蔬菜定植到温室北墙根，从而提高种植效益。对于栽培床易发生涝灾的温室，一是蔬菜种植要起高垄(35 厘米左右)，增加土壤耕作层，以利于根系生长，避免沤根、涝根。二是要在温室后下挖深坑，降低温室内的地下水位。该做法已经在山东济阳地区广泛应用，效果良好。

(二)墙体内外坡太陡

大跨度半地下日光温室墙体内外坡太陡，有的甚至无坡向，呈垂直墙体，必然要多占用温室与温室之间的土地，减少温室内的种植面积。从温室蔬菜生产的角度考虑，温室墙体内外坡不宜太陡。其原因有二：一是墙体内侧坡太陡或无坡度，将减少墙体的总表面积，进而降低白天墙体的蓄热量，温室内的夜温易受影响，不利于蔬菜的正常生长和发育。二是东西山墙内侧坡太陡或无坡度，一天之中，早晨或夜间温室内光照易被东、西墙所遮挡，并且遮挡的时间和面积随着墙体坡度的减小而增加，使温室内光照不足，将影响蔬菜的光合作用，降低其产量及品质。此外，墙体内、外两侧有坡度，墙体断面呈梯形，可增强温室的牢固性。

那么，如何建造大跨度半地下日光温室墙体更适应蔬菜生产的需求呢？实践证明，大跨度半地下日光温室墙体堆砌好后，可以用挖土机在温室内进行“切墙”，使得墙体断面呈梯形，墙体上部与下部之间的距离在 0.5 米左右。而东、西墙在砌制时，为了提高温室内的光照条件，除了大跨度半地下日光温室选址要北偏西 5°～10°角外(以山东为例)，还可在堆砌时向东或向西分土，使得东墙或西墙分别偏外 10°角。此外，为了提高大跨度半地下日光温室的保温性和利用下雨下雪流水，墙体外侧也要有坡度。

(三)立柱埋设不当

在大跨度半地下日光温室内，立柱的主要作用是支撑拱杆，防止其弯折。可是不少大跨度半地下日光温室建成不到半年，就出现了立柱断裂现象。据考察,立柱断裂与立柱埋设不当有关。出现断裂的立柱多为(从北往南数)第四排,断裂的位置在立柱下端40厘米处,立柱裂痕呈横向,由南侧向北侧扩展。造成如此情况的主要原因是埋设该立柱时未将其向南倾斜,而是垂直于地面,结果在不断使用后置式卷帘机卷拉草苫的过程中,形成的巨大推力通过拱杆作用于该排立柱,进而使其折断,这是由于垂直于地面的立柱所能承载的作用推力要远远小于稍微向南侧倾斜的立柱。受大跨度半地下日光温室建造的制约,一旦温室内立柱出现折断,重新更换立柱的难度较大。如果仅仅是立柱出现轻微裂痕,可以采取在其一旁增设加固短立柱的方法。

以往温室建造者在埋设立柱过程中,仅仅使用东西向和南北向所拉设的标线来确定所有立柱的水平位置。实践证明,该方法所测量的误差太大,甚至第一排立柱与最后一排立柱的标线位置差达10厘米。假若有太多的立柱不在规定的高度上,所建造的温室棚面便会有凹有凸,草苫或卷帘机难以揭、盖,甚至在揭、盖过程中会出现跑偏等情况。

近几年,温室建造朝着更高、更宽、更长的方向发展,传统的立柱埋设方法很难满足当前温室建造的需要。为了增强温室牢固性,提高立柱承载力,同时又能方便管理操作,立柱埋设必须做到东西成行,南北成行,分布均匀,上下一致。推荐使用超平软管进行测量。该测量工具是利用连通器原理,以找准两立柱之间的水平线。具体方法如下。

第一步:确定标线位置。用米尺从立柱埋设下端量起,规定高度为1.5米,并用水笔画线标注清楚。

第二步:先把第一排的一立柱埋设固定,确定下埋深度为55～80厘米,立柱底部注意勿忘垫砖。

第三步:预先把最后一排立柱的坑挖好,可适当挖深些(约60厘米或80厘米),挖深了可回填土,将该立柱放入坑内。一人手拿超平软管的一头(必须事先在软管里灌满水,将两头扎起),将其靠在第一排立柱的标线处,另一人拿着超平软管另一头同样靠在最后一排立柱的标线处。假若该处超平软管的水平面超出标线,说明立柱埋深了,需垫高回填土。反之,超平软管的水平面低于标线,说明立柱埋浅了,需要重新下挖。通过不断地找平,最终确定两立柱间的水平线。

同理,如果利用该方法将所有的立柱都保持在同一水平线上,那么埋设后的立柱就非常符合标准。可见,小小超平软管在温室建造中起着重要的作用。

(四)棚膜覆盖有误

大跨度半地下日光温室只有通过覆盖薄膜后,才会真正发挥温室效应。因此,选购适宜于日光温室的薄膜,并通过正确的棚膜覆盖方法延长棚膜寿命显得尤为重要。一些地区日光温室薄膜覆盖存在问题,首先是棚膜的选购有误。一般而言,大跨度半地下日光温室薄膜共分两幅,一幅为屋面棚膜,另一幅为通风棚膜。前者应选购透光率高、无滴消雾性强、寿命长的聚氯乙烯或乙烯—醋酸乙烯高温复合膜,后者应选购使用聚乙烯成分薄膜(这类薄膜伸缩性差)。可是,不少菜农却用伸缩性强的聚氯乙烯薄膜作为通风棚膜。本来在通风口处,屋面棚膜与通风棚膜重叠 30 厘米,可保证"闭风"效果,可是,时间一长,具有伸缩性的聚氯乙烯薄膜便会发生"收缩",导致闭风不严实的现象出现。假若冬季夜间闭风不严实,易造成蔬菜冻害发生,因此不要选用聚氯乙烯的薄膜作通风棚膜。

此外,当地棚膜覆盖后的压膜绳固定有误。压膜绳的主要作用就是"压住"棚膜,而不是破坏棚膜。不少温室的压膜绳是从上至下倾斜式拉放的,而不是上下直着拉。由于压膜绳倾斜式拉放,使得其横跨在(大竹竿或钢管)拱杆上,时间一长,再通过拉放草苫，压膜绳与棚膜来回摩擦，结果导致棚膜出现破损而得不偿失。

（五）温室高、宽不成比例

温室高指大跨度半地下日光温室的高度，一般测量时以温室内第二排立柱（从北墙数起）的高度为准；温室宽指大跨度半地下日光温室的跨度，一般测量从温室内北墙根处的水沟边至温室前沿。俗话说，“有高度才会有跨度”，可是不少菜农为增加日光温室种植面积而越建越宽。如某村一新建温室的宽度达 15.5 米，由于受水泥立柱和墙体承载力的约束，温室高只有 5.5 米左右，影响了温室屋面的采光。同时，由于温室跨度太大，立柱承载力增加，使得该温室仅可使用重量较轻的保温被，而无法使用物美价廉的草苫。此外，因温室跨度过大而造成通风困难，尤其是冬季温室的前脸处难以将湿气放出，容易被病害侵染，成为温室内蔬菜的“病原区”，容易发生灰霉病、霜霉病等病害。

那么，在建造大跨度半地下日光温室时，应如何确定温室的高和宽呢？从理论上讲，大跨度半地下日光温室的高度与其南北跨度应根据当地的纬度确定。首先，要明确大跨度半地下日光温室的高度、跨度决定着温室采光面的角度，而温室采光面的角度制约着太阳光入射角的大小。其次，测量证明，太阳光的投射率与光线入射角关系密切。其入射角在 0～40°角范围内，太阳光线的入射率变化不明显，当入射角大于 40°角以后，随着入射角增大，其透光率急剧下降。三是根据温室采光面的角度公式计算：温室采光面的角度等于 90°－太阳高度角－太阳光入射角（40°）。一天之中，太阳高度角中午最大，早晨出太阳时为零，温室采光面的角度应适当增加 5°～6°。可以看出，温室采光面的角度受当地太阳高度角的制约。例如，在北纬 35°左右地区，其冬至时太阳高度角为 31.6°，建造温室时，其温室屋面的采光面的角度应大于 23°（$\alpha=90°-31.6°-40°+5°=23.4°$）。那么，日光温室的南北总宽度就可以用以下公式算出来，即温室南北总宽度＝温室最高点高度×ctgα（α 为温室屋面采光面角度，此为余切值）＋后坡面的投影长度。按照以上方法，可确定出大跨度半地下日光温室的高和宽。在此，向与山东寿光处于同一纬度地区的菜农朋友推荐，较为合理的大跨度半地下日光温室立柱高度及跨度：温室后墙内高 4.5 米，温室宽 9.5 米，第一排加重立柱高 5.5 米、第二排加重立柱高 5.8 米、第三排立柱高 5.5 米、第四排立柱高 4.8 米、第五排立柱高3.6 米。

（六）选址不佳

大跨度半地下日光温室是一种投资成本高、使用年限长的固定设施，建造时一旦选址不佳，必将影响温室蔬菜生产，降低种植效益。不少菜农的大跨度半地下日光温室，选址不佳，或距离公路太近，造成温室屋面上的粉尘量过多，影响了光照；或建在低洼地块，雨季易造成温室内涝灾，蔬菜沤根严重；或温室前后有大树、建筑物等物体遮挡，温室内采光差，蔬菜生长受到影响。此外，部分菜农的大跨度半地下日光温室在确定方位上偏离太大，影响了温室屋面的采光角度。以上情况均与大跨度半地下日光温室建造前选址不当有关。因此，建造大跨度半地下日光温室选址时应重视以下两个问题：一是选场地。大跨度半地下日光温室场地选择有 3 项原则：①选择光照条件优良，温室的前面和东西两侧无高大建筑物，无烟尘较多的厂矿、树林、山峰等地块，以免造成遮荫，影响蔬菜生长。②土质忌过黏、过酸、过碱（土壤 pH 值在 6.5～7.5 之间适宜番茄、黄瓜等蔬菜生长，若土壤偏酸或偏碱不是太大，可通过使用石灰或醋渣进行调节），土壤耕作层不宜过浅，至少在 40 厘米以上。③建造温室场地不宜选地势低洼、靠近湖泊河流的地块，因为这些地块地下水位较高，汛期温室内的湿度过大，蔬菜易发生涝害；冬季易造成温室地温过低，蔬菜根系生长受影响，且病害增多。二是定方位。在选好场地后，首先利用指南针定好南北向，然后划一条长为 3 米的南北直线，从南北直线南端斜向西北划一条长 5 米直线，再从南北线北端向西划一条长 4 米的直线，将其与 5 米的斜线前端重合，即确定直角(90°)，最后将东西线延长后作为日光温室后墙北边基准线即可。实践证明，采用正南或南偏西 5°的方位角，这样的温室冬季光照时间最长，贮热最多，最有利于蔬菜的生长。

第二章　大跨度半地下日光温室蔬菜配套栽培技术

一、大跨度半地下日光温室黄瓜高产栽培技术

(一)早春茬

日光温室早春茬黄瓜的育苗期是一年中温度最低、光照最弱的时期，但由于育苗占地面积小，其增温防寒便于管理。黄瓜定植后，瓜苗逐渐长大，光照一天比一天强，温度一天比一天高，温室内的小气候与黄瓜生长所需要的条件正相吻合，植株生长健壮，能获得高产。黄瓜的苗龄比其他果菜类短，结瓜早，采收期也早，加上春季是蔬菜的大淡季，卖价好。所以，这茬黄瓜也是一年当中黄瓜种植的“黄金”季节。

1. 育　苗

(1)品种的选择　早春茬黄瓜同冬春茬一样，要求所选品种要在低温和弱光下能正常结瓜；同时还要耐高温和耐高湿，在高温和高湿条件下结瓜能力强，结回头瓜多。此外，要求抗病性好，对日光温室环境的适应能力强，对管理条件要求不严，意外伤害后恢复能力要好，目前生产上应用的绝大部分品种还只限于密刺系统，包括原有的长春密刺、新泰密刺、津春3号、津绿3号、中农5号等。

(2)播种期的确定　早春茬黄瓜一般苗龄为45天左右，定植后约35天开始采收，从播种至采收历时80天左右。早春茬黄瓜一般要求在4月前后开始采收，以便在五一节前后进入产量的高

峰期。由此推算，正常的播期应在12月下旬至翌年1月中下旬。

(3)采用温床育苗　在日光温室内采取电热温床育苗。早春茬黄瓜育苗时采用一次播种育成苗的方式，即将出芽的种子播入营养钵或营养穴盘中，不再分苗。苗床要选在日光温室采光条件较好的部位，一般供667平方米地种植的苗需温床20～25平方米。

(4)注意事项

①温度的影响　黄瓜苗期温度一般不宜过高。如果温度过高会延迟雌花的形成，提高第一雌花的节位，从而影响早熟性。一般白天控制在28℃，夜间17℃。

②注意子叶的变化　若发现幼苗的子叶一大一小或者在同一侧面，这是由于种子不充实造成。在土壤水分充足情况下，如发现幼苗的子叶尖端下垂，颜色翠绿，这主要是温度低所致。如果子叶边缘变白而且向上卷起，这是突然降温所致。

一般地说，黄瓜子叶寿命的长短，往往影响黄瓜植株寿命的长短(病虫害特重引起过早拉秧除外)。黄瓜子叶枯萎脱落期是在子叶张开后的20～70天，在日光温室生产上尽量保持子叶长久不脱。如果发现子叶尖端部分黄萎，叶肉很薄，并且水分多，这是光弱、浇水过多所致，严重的可使根系腐烂一部分。如果子叶尖端干燥枯黄，这是缺水或土壤肥料过浓所致，因此日光温室幼苗期肥水要适量。

③注意幼苗真叶的变化　一般生长正常的幼苗真叶中部、上部面积比下部大，新生叶片颜色应比原有的浅。如果发现相反现象，多半是缺水所致，如不及时发现，容易出现“花打顶”现象。如果真叶的叶肉厚、浅黄色、没有光泽，幼茎生长慢，生长点缺少生气，这主要是地温低所致。

④苗龄的掌握　为了提早上市，应选大龄苗甚至带1～2个雌花的苗进行定植，以便于早熟。一般生理苗龄4～6叶1心，日历

苗龄35～50天。具体苗龄长短应根据定植环境条件确定。一般地说，定植环境条件好的，苗龄可短些；反之，则应长些。

⑤定植前注意选苗　出苗3～5天即可选苗一次，选留子叶肥厚、两面大小对称的苗，把不对称的和往一面背的苗间去。

2. 定　植　定植日期为2月初至3月初，具体定植时间可根据播种日期和定植的环境条件确定。

栽植一般为畦作或垄作。做畦做垄前应深翻，并施足有机肥，一般每667平方米施有机肥2500～5000千克，施用鸡粪、猪粪、马粪等均可。但一定要发酵好，尤其鸡粪发酵不好易发生肥害。鸡粪一般面施后深翻做畦或做垄。畦一般做成南北向，为了提高地温，一定要高畦、高垄作业。畦（垄）高一般做成15～20厘米左右。若高畦，畦面做成70～80厘米，每畦栽2行，株距30厘米，作业道为50～60厘米。注意畦中间要开一条水沟，以备后期大量需水时，从畦面中间沟浇水；若垄作，做成大行80厘米、小行50厘米的大小垄，在垄上定植黄瓜，株距30厘米。打垄或做畦时，每667平方米施磷酸二铵30千克和硫酸钾20千克左右做基肥。栽苗时，刨埯或在畦面上开沟，将大苗带坨按株距摆入，稍加围土后向穴内浇水，要充分浇透土坨，待水全部渗入后覆土，土盖没土坨上方1厘米即可，不要栽太深。栽后2～3天在畦或垄上盖地膜。

3. 定植后的管理

(1)环境调控　一般定植后数日内要紧闭风口，暂不通风。除非温度高达34℃以上时才可短时通小风。一般缓苗前白天温度保持在28℃～32℃，短时的33℃～34℃也可不必通风。夜间温度最好在20℃以上。缓苗后温度适当降低，白天一般为25℃～30℃，夜间为16℃～18℃；阴天时温度要相应降低，白天维持在20℃～22℃，夜间16℃～17℃。在对温度影响不大的情况下，尽量早揭和晚盖防寒保暖覆盖物，尽可能多地增加光照。在通风降温、排湿换气打开通风口时，注意不要让冷空气直接吹向植株，以免植株骤然受冷而“闪苗”使苗萎蔫，影响生长发育。随着气温的逐渐升高，要加大通风量。

(2)肥水管理　春提早栽培前期温度较低，每次浇水会引起降温，而为了植株生长又不能不浇水。一般定植水浇后5～7天不用再浇水，为了防止水分过量蒸发，可进行中耕，一方面破坏土壤毛细孔而达到减少蒸发的目的，另一方面达到疏松土壤而有利于透气，促进早发根。如果缓苗较慢而又需浇水时，浇水量一定要小，以保证幼苗最低生长需要最低量即可。如果缓苗很好，大缓苗后天旱又缺水，这时每次浇水应基本浇透，尽管外界气温很低，也要浇足水。一般原则是：根瓜长到大拇指长短前不浇大水，此后随着各瓜的膨胀，外界气温升高，需水量加大，浇水量和次数要增加。

定植初期，日光温室的前边空间小，易受外界低温的影响，因而前边的温度低，植株对水分的消耗也小于后边的。定植后期由于日照充足，气温升高，前边的地温随之升高，植株对水分的需求反而大于后边的，所以浇水要根据实际情况区别对待。地下水位高的日光温室黄瓜栽培比地下水位低的每次浇水量要小些，浇水间隔时间要长些。日光温室东、西两山墙附近，由于早晨或傍晚分别有一段时间遮荫，所以此处黄瓜蒸腾水分和土壤水分蒸发量较小，且黄瓜生长势也弱些。因此，各次浇水量都要小些(定植水除外)，阴雪天不浇水。但若在结瓜遇到连日阴雪天气，为了保秧又保瓜，应采取浇小水或喷畦埂等措施来补充土壤水分。如果施肥量过大或者施入未腐熟的有机肥料，容易造成幼苗烧根，应浇大水稀释土壤溶液和降低地温。

当根瓜采收后，随着瓜量增加，外界气温升高，浇水则由人行道引水浇灌。当主蔓已经摘心且顶瓜采收后，为了促使回头瓜产生，控制一段时间浇水，直到回头瓜开始发育时再恢复正常浇水。追肥一般从根瓜开始，需肥时可随浇水施肥。用有机肥与速效肥交替施用较好。最好是随水追施发酵好的人粪或鸡鸭粪。若无此条件，可追施化肥，一般每1～2次水施一次化肥。施肥要少量多次。化肥用硝酸铵、硫酸铵、尿素均可，一般每次每667平方米施10～15千克。尿素含氮高，施用量可小些。结瓜后补充钾肥对提高植株抗性和改善品质很有必要，一般施硫酸钾或氯化钾，施几次即可。

(3)植株调整

①吊架　当秧苗长至5～6片叶时容易倒伏，可用无色透明塑料绳吊架，吊架时注意每次缠绕瓜秧时不要把瓜码绕进吊绳里。

②整枝绑蔓　绑蔓一定要轻，不要碰伤瓜条和叶片而影响生长。绑蔓时，使每排植株的“龙头”(植株顶端)处在同一高度上，做到整体一致。对生长势较弱的植株可直立松绑，对生长势强的弯曲紧绑，用不同的弯曲程度调整植株生长上的差异。每次绑蔓使“龙头”朝向同一方向，这样有规律的摆布能有效地防止互相遮荫，使每个植株能更好地采光。绑蔓时顺手摘除卷须，以节约养分。对有侧蔓的品种，应将根瓜下的侧蔓摘除，其上侧蔓可留1～2个瓜摘心。根据温室空间可确定摘心时间，一般主蔓长到25片叶即可摘心。主蔓摘心可采用“闷小尖”的办法，即植株长至架顶时，把顶端叶片沿未展开的小尖(生长点)掐去，这样做可使植株的营养损失较小。黄瓜生长中后期及时摘除基部老叶、黄叶和病叶，以利于通风透光和减轻病虫害。

③落蔓　日光温室黄瓜的栽培时间较长，植株高度一般都可长到3米以上。但如果植株过高，尤其当植株顶到棚顶薄膜时，不仅影响薄膜的正常透光，造成植株间相互遮荫，导致日光温室内通风透光不良，而且在寒冷季节容易造成黄瓜龙头遭受冻害，这样一方面会影响黄瓜的产量和品质，另一方面容易导致病害的发生和传播，不利于黄瓜的正常生长。因此，为使黄瓜植株能继续生长结瓜，采取落蔓技术是行之有效的好方法，即将植株整体下落，让植株上部有一个伸展空间继续生长结瓜，从而实现日光温室黄瓜生

产的优质、高产和高效。

具体落蔓方法：当黄瓜满架时即开始落蔓。先将瓜蔓下部的老叶和瓜摘掉，然后将瓜蔓基部的吊钩摘下，瓜蔓即从吊绳上松开，用手使其轻轻下落顺势圈放在小垄沟上的地膜上（日光温室黄瓜采用地膜栽培），瓜蔓下落到要求的高度后，将吊钩再挂在靠近地面的瓜蔓上，然后将上部茎蔓继续缠绕、理顺，尽量保持黄瓜“龙头”上齐。

落蔓应注意的问题：一是落蔓前7～10天最好不要浇水，以降低茎蔓组织的含水量，增强茎蔓组织的韧性，防治落蔓时造成瓜蔓的断裂；要将下部的叶片和黄瓜摘掉，防止落地的叶片作为病源传播侵染其他叶片和黄瓜。二是落蔓时要选择晴天上午10时后或在浇水前进行，防止茎蔓组织含水量偏高缺乏韧性而折断或扭裂。落蔓的动作要轻，不要硬拉硬拽。要顺着茎蔓的弯向引蔓下落，盘绕茎蔓时要随其弯向把茎蔓打弯，防止硬打弯或反向打弯，避免茎蔓折断或扭裂。瓜蔓要落到地膜上，不能落到土壤表面，以避免黄瓜茎蔓在土中生不定根而失去嫁接的意义。瓜蔓下落的高度一般在0.5～1米。有叶茎蔓距垄面15厘米左右，每株保持功能叶15～20片。具体高度应据黄瓜生长势灵活掌握，若下部瓜很少或上部雄花多雌花少，瓜秧生长势旺，可一次多下落些，否则可少下落些。温室内植株高度要相对一致，即东西方向高度一致，南北方向为北高南低趋势。三是落蔓后要加强肥水管理，促发新叶。追肥方式以膜下沟冲施肥法为宜。注意加强防病措施，根据黄瓜常发病害的种类选用相应的药剂喷洒。落蔓后的几天里，要适当提高日光温室内的温度，促进茎蔓的伤口愈合；茎蔓下部萌发的侧枝要及时抹掉，以免与主茎争夺营养。

④黄瓜套袋　从小黄瓜长到5～8厘米长时套上长35厘米、直径约6厘米的聚乙烯膜的长筒状塑料袋，袋体上端为套入口，套口宜小不宜大，下端留有一个透气孔。套袋时先用嘴吹开袋口，再

将瓜条套进袋内，然后固定袋口，并将袋体拉平即可。黄瓜便可在袋的保护下生长，这样长出的黄瓜瓜条直而不弯。

4. 收获　根据当地消费习惯兼顾生产效益进行采收。一般在正常的管理条件下，雌花谢后 10～14 天即可采收。随着以后气温的升高，瓜条发育速度加快，应勤采收。

5. 日光温室黄瓜管理中的误区

(1)不打杈和摘弱小瓜　黄瓜地上、地下生长呈正相关，幼苗期不抹芽杈，利于生长毛细根。到结瓜期就应抹掉幼芽和幼瓜，集中营养供黄瓜生长。一些菜农在不少黄瓜植株已 1 米多高，下部侧芽多达 5～6 个、长达 10～15 厘米也不摘除，这样反而会分散营养，致使黄瓜长得慢，瓜不直，产量低，采收期延后。正确的做法是：在根瓜开始进入膨大期时将侧芽及早抹去，以免消耗营养；每棵植株在生长点以下 1.3 米处留足 6～7 个瓜，将其余弱小瓜全部疏掉，以集中营养促使优势瓜生长。

(2)无头秧不摘叶　虫伤、冻害、机械伤或肥害、缺钙枯头等均会造成黄瓜秧失去生长点。很多菜农在管理上任其生长，结果原叶肥厚僵化，新叶长期萌生不出来，错过了与其他植株同伍齐长的机会，造成缺苗断垄，产量下降。正确的做法是：在养好根系的前提下，将原叶全部摘掉，7～10 天可萌生新生长点；摘叶后穴浇 1 次硫酸锌 700 倍液或微生物肥，促长新枝。

(3)对雌花早蔫误认为缺水　正常的黄瓜膨大期只有 2～3 天，黄瓜顶花带刺，有些幼瓜 3～4 厘米时顶花就凋萎了。一些菜农误认为是缺水造成的，于是浇大水，又施肥，致使雌花更加萎蔫。其实这是土壤浓度过大引起的蔫花症。正确的做法是：当土壤和水 pH 值超过 8.2 时，应浇大水压碱；栽前深耕降碱，地面覆膜，盖麦糠保湿，减少蒸发量，控制碱的上升；施用牛粪、腐殖酸肥、微生物肥、秸秆肥解碱，不施或少施盐类化肥。

(4)留雄花授粉　黄瓜系雌雄同株，雌花不授粉也能结瓜，且是无籽瓜。有的菜农误认为留下雄花,可使雌花花朵萎蔫推迟,瓜形正,可提高产量。正确的做法是将雄花及早全部抹掉。

(5)摘瓜迟产量高　按正常生长规律,植株上的黄瓜应是中、青、幼结合,而不是老、中、青结合。有些人认为,大瓜生长比率大,其实大瓜长到一定程度肉质就开始变粗,内含水分降低,并且影响幼瓜生长。经试验,每天摘 1 次瓜较隔日摘 1 次瓜的瓜数多出 20%左右,增产 9%以上;比隔 3 天摘 1 次瓜数多 40%左右,增产 10%以上,并能减少发生畸形瓜。正确的做法是:能上市卖出去的瓜就摘,越早越好;根瓜、畸形瓜长不大、长不好,应早摘;幼瓜超过 6 个以上,应及早疏瓜。

(6)生长旺产量高　水足、温高、氮肥足,叶蔓生长旺,田间态势好,坐瓜生长快,瓜条壮。其实,这种外强内虚的植株态势,远不如植株矮化、生长稳健的总产量高。正确的做法是:苗期控水蹲苗促长深根;栽后控温,空气相对湿度控制在 50%～79%,可提高产量 25%以上;控氮、蹲苗、控蔓,可促长瓜;灌施植物基因诱导表达剂,矮化植株,提高光合强度和产量,不用矮壮素等抑制光合作用和影响植物正常生长的矮化剂控秧。

(7)连阴天不揭草苫　有的菜农认为阴天无光,不揭草苫无关紧要。其实,黄瓜生长的两个主要因素是光照和温度,二者缺一不可,连阴天不揭草苫,植株不仅不能见光,更重要的是温度上不去,不能进行蒸腾作用,因而不会将水分解成氧和氢离子。如根系内缺氢离子,难以交换的铁、钙、硼就不易运动,将造成根系萎缩变小,进而缺素枯死。环境中缺氧离子,会使植株徒长和染病。正确的做法是:连阴天揭开草苫见光;浇施微生物肥或基因诱导表达剂,增强植株抗性,提高营养元素及离子的活性和吸收量。

(二)越夏茬

该茬口多是为充分利用 5～10 月份日光温室闲置期而进行生

产的，这一时期温度高、光照强，加之烟粉虱、白粉虱、美洲斑潜蝇等害虫危害非常严重，不适宜黄瓜正常生长，必须配合使用遮阳网、防虫网等辅助设施进行越夏茬黄瓜生产。寿光市菜农黄瓜越夏茬多进行无刺微型黄瓜生产。

1. 育 苗

(1)选用优良品种　选择耐热、抗病、丰产及商品性状较好的品种。

(2)播种期的确定　越夏茬黄瓜多是为充分利用5～10月份日光温室闲置期而进行生产的，一般要求在6月份前后开始采收，持续采收至9月中下旬。正常的播期应在4月上旬。

(3)冷床育苗　在日光温室内采取冷床法育苗。越夏茬黄瓜育苗时采用一次播种育成苗的方式，即将出芽的种子播入营养钵或营养穴盘中，不再分苗。苗床要选择日光温室采光条件较好的部位，一般栽培667平方米的黄瓜需育苗地20～25平方米。越夏茬黄瓜育苗应把培育壮苗、防徒长作为管理重点。在幼苗具3片真叶时，可喷施一次100～200毫克/千克乙烯利溶液，以增加雌花数量。

2. 定 植

(1)定植前的处理　前茬作物采收后，棚膜可不用撤掉，留作越夏茬黄瓜用。夏季黄瓜栽培应将后顶风口全打开，温室前裙膜掀起1～1.5米进行最大限度的通风和降温。温室顶部在晴天时要加盖孔隙度大的遮阳网，所有通风口及进出口处在定植前3天安装30目左右的防虫网，封网后关闭所有的通风口及进出口，于夜间每667平方米用硫磺200克加敌敌畏75克进行熏蒸12小时，之后打开所有通风口及进出口通风，2～3日后可进行定植。

(2)施肥　每667平方米施优质猪圈肥5000千克(用腐熟的鸡粪更好)，三元复合肥50～100千克，磷、钾肥50～100千克，有条件的可增施豆饼肥或酵素菌肥。

(3)起垄栽培　夏季黄瓜一定要起垄栽培，每667平方米栽植3500株左右。

3. 定植后的管理

(1)环境调控　5月上旬揭除日光温室前裙膜，同时除去天窗通风膜，装上防虫网，保持日光温室昼夜通风，使黄瓜结果多且品质好。6～8月份在日光温室膜上覆盖遮阳网，最好利用遮阳率为60%的遮阳网。在晴天上午9时至下午4时的高温时段，日光温室要遮盖遮阳网防止强光直射；在阴雨天或晴天上午9时前和下午4时后光线较弱时揭开遮阳网，这样既可防止强光高温又可让黄瓜见到充足的阳光。

(2)肥水管理

①水分管理　黄瓜根系发达，喜潮湿，需水量大，特别在盛瓜期高温伏旱时期，土壤水分以控制在90%左右为宜。此时若出现旱情，须及时灌水。另外，水分供应必须均匀一致，否则瓜条粗细不匀。植株遇干旱虽然不至于死亡，但是植株结瓜少、化瓜多，且畸形瓜多。在炎热干旱的季节尤其如此。炎夏应在早上或夜间浇水，忌中午浇水。尤忌忽干忽湿导致黄瓜畸形，纤维增加，品质老化。因此，栽培黄瓜需要及时供应水分，不能使土壤干旱。

②追肥　越夏茬黄瓜容易徒长，因此应在生长前期避免偏施氮肥，开花结瓜期应加强追肥。第一次施肥在黄瓜的第一雌花出现后进行，一般每667平方米约施20千克复合肥或400～500千克腐熟农家肥。黄瓜开花结果后再重施肥1次，一般每667平方米用复合肥30千克。追肥在采收期后进行，一般每采收2～3次追肥1次，每次每667平方米施25～40千克的复合肥。为延长盛瓜期，提高产量，每667平方米可用丰收1号(主要成分为有机质≥20克/毫升，甲壳素≥5%)800～1000倍液进行叶面喷施，每隔3～5天喷1次，也可叶面喷施多元复合有机肥500倍液3次。

(3)植株调整　越夏茬黄瓜温室内气温高，常高达35℃以上；

地表温度更高，经常达 40℃左右，远远超过了黄瓜正常生长所需要的适宜温度（22℃～28℃），不利于黄瓜正常生长发育，这时如果覆盖地膜，地表热量挥发不出去，根基周围容易形成高温的环境，常常会灼伤根系，不利于形成壮棵。但在不覆盖地膜的情况下，黄瓜生长中后期落蔓时，蔓与地面接触会引起病害发生甚至导致烂蔓死棵，影响越夏黄瓜的产量。为解决这一矛盾可采用“逛蔓”法管理，即折叠式落蔓，就是黄瓜龙头反复南北牵引，使黄瓜茎蔓保留在半空中，不与地面接触，从而实现矮化植株、延长结果期且不发生烂蔓死棵的一种落蔓方法。“逛蔓”简便易行，可操作性很强，并且还可保持植株垂直高度一致，便于田间管理。该方法除了避免茎蔓与地面接触而减少烂蔓发生外，还具有抑制茎蔓徒长、协调植株平衡生长的作用。“逛蔓”比传统的落蔓更有利于黄瓜瓜条的生长，使瓜条直、瓜色绿，商品性强。

当黄瓜长到 7～8 片叶，植株高度达到 50～60 厘米高时进行吊蔓。在吊蔓前，除将与黄瓜植株对应的吊绳系在钢丝上以进行吊蔓外，还需在每行黄瓜的南北两端各系一条吊绳以备“逛蔓”使用。吊蔓时还应将黄瓜子叶及下部 1～2 片病叶、黄叶清出温室外，以减轻病害的发生。

当植株长到 170～180 厘米高时开始“逛蔓”：将定植行最北端的黄瓜龙头牵引并绑到事先预留的北端的吊绳上，北端第二棵黄瓜龙头牵引绑到与第一棵黄瓜对应的吊绳上，向南依次类推，使植株垂直高度保持在 130～140 厘米。当植株垂直高度再次长到 170～180 厘米时，再将定植行最南端的黄瓜龙头牵引绑到事先预留的南端的吊绳上，从南端数第二棵黄瓜龙头牵引绑到与第一棵黄瓜对应的吊绳上，向北依次类推。同时，每次“逛蔓”时应结合落蔓进行摘叶，以减少病菌侵染，增强温室的通透性。但摘叶不可过狠，以免造成光合产物供应不足而影响黄瓜的产量和质量。在黄瓜正常结瓜的期间，摘叶的原则是保证每棵植株至少保留 15 片功能叶。

4. 采收 夏季气温高，植株生长快，黄瓜发育快，一般播种后50～60天即可采收。采收时宜早收勤收，以免造成坠秧。一般多以隔天采收为宜，盛瓜期可每天采收，以确保瓜条鲜嫩和瓜秧旺盛生长。

（三）秋冬茬

日光温室黄瓜秋冬茬栽培是日光温室越夏茬和日光温室黄瓜冬春茬生产的接口安排，是北方黄瓜周年供应的重要环节。这茬黄瓜所经历的环境条件与冬春茬黄瓜所经历的环境条件恰相反，幼苗时期处在高温季节，生长中后期转入低温期，光照也逐渐变弱，所以其栽培技术上与冬春茬大不相同。

1. 育　苗

（1）品种选择　日光温室秋冬茬黄瓜由于其栽培季节的气候特点，必须选择既耐热又抗寒，生长势强、抗病力强、产量高、品质好的品种。

（2）播种期确定　日光温室秋冬茬黄瓜播期的确定，应以经济效益和社会效益高度统一为前提，以深秋及初冬淡季供应市场为主攻目标，衔接好日光温室冬春茬、早春茬和越夏茬黄瓜。根据当地市场需要或销往外地市场的特点，避开越夏茬黄瓜产量高峰，于8月上中旬至9月上中旬播种。在此期间，早播产量较高，晚播产量较低，价格较高。

（3）防雨棚穴盘护根育苗或直播　秋冬茬黄瓜育苗处在高温季节，所以不宜在露地育苗。日光温室春季覆盖的聚氯乙烯薄膜经历夏季膜面已经污染，透光率下降，应揭开前裙膜，顶部开通风口，形成凉棚，以避免高温强光，这样对幼苗生长有利。如果日光温室未覆盖薄膜时，可在露地扣小拱棚做育苗畦。小拱棚宽2米以上，高度超过1米，用旧薄膜覆盖，将四周卷起，形成凉棚。

秋冬茬黄瓜可采用催芽直播的方法。直播虽省工，但秧苗分散，管理不便，而且秋季多阴雨、易患病，因此目前仍以育苗移植为主。播种前，种子用清水浸透后放入10%磷酸三钠溶液中浸种20分钟，用清水洗净后播种。秋冬茬黄瓜花芽分化期基本上处于高夜温(15℃)、长日照(12小时以上)的条件下，因此雌花出现晚，节位较高。为改变这种情况，一般可在两叶期喷洒一次100～200毫克/千克乙烯利溶液，但浓度切不可过大。育苗期间温度高，蒸发量大，应及时补充水分，待苗长到3叶1心时及时定植。

2. 定植 秋冬茬黄瓜进入冬季后，温光条件逐渐变差，若种植过密，叶片相互遮挡，植株易早衰，将影响产量。因此，定植密度不可过大，一般采取双行稀植，宽行为80厘米，窄行为50厘米，每667平方米保苗3500株左右。

3. 定植后的管理

(1)环境调控 秋冬茬黄瓜应注重利用前期适宜的光、温条件养好秧，后期才能高产。定植缓苗后已进入10月初，气温开始下降，10月上中旬开始扣膜。扣膜后棚温高，湿度大，易引起瓜秧旺长或病害发生，因此要注意大通风。一般晴天保持白天25℃～30℃、夜间13℃～15℃；阴天保持白天20℃～22℃、夜间10℃～13℃，昼夜最少要保持10℃以上的温差。随着气温的下降，要逐渐减少通风量。12月下旬夜间开始出现霜冻，要逐渐加盖草苫。植株在进入盛瓜期前，一定要控制好夜温，防止旺季化瓜。立冬后，气温下降快，日照变短，应尽量延长见光时间，早揭苫，晚盖苫。12月至翌年1月是一年中最冷的季节，应注意保温：晴天白天从上午10时到下午2时，室温均应保持25℃以上，甚至可达32℃；夜间最低气温控制在8℃～10℃，同时应注意防止徒长。

(2)肥水管理 前期气温高，日照长，肥水应跟上，以促进长秧。定植后9～10天再浇一次缓苗水，根瓜坐稳后，进行第一次追肥，每667平方米追施尿素15千克；以后每隔5天灌一次小水，10

天追一次化肥。11月下旬后，要节制肥水，否则因地温低、根系吸收力弱，若连续阴天，易发生沤根。此时可采取叶面喷施0.2%磷酸二氢钾溶液的办法，以达到补肥的目的。

(3)植株调整　黄瓜长至6～7片叶时，应及时吊蔓，基部出现侧枝应及时去掉，以免影响主蔓结瓜。中部出现的侧枝要在坐瓜前留2片叶摘心，以利于坐瓜。将下部开始失去功能的老叶、病叶及时打掉，把蔓下降，以利于改善室内的光照条件。当主蔓长到架顶时进行打顶，促进多结回头瓜。

4. 采收　采摘黄瓜一般在浇水后的上午进行。采收黄瓜不单纯是收获成果，同时要做到"三看"：一看植株生长状况。根瓜应适当早采，若植株弱小，可将根瓜在幼小时就疏掉。采腰瓜和顶瓜时，植株已长大，叶片已多，当瓜条长足时再采。这条瓜要不要摘，首先看采瓜后对瓜秧的影响，如果这条瓜的上部没有坐住的瓜，瓜秧生长势又很旺盛，采后就可能出现瓜秧徒长，那么这条瓜就应推迟几天采收。如果瓜秧生长势弱，这棵秧上稍大的瓜可提前采收。通过采瓜以调整植株的生长，使营养生长和生殖生长同时进行。二看市场行情。秋冬茬黄瓜一般天越冷价格越高。为了促秧生长，待黄瓜价格高时提高产量，前期瓜多时可疏去一部分小瓜。11月份天气好，可适当重采瓜；12月份后光照少，气温低，生长慢，采瓜宜轻，对部分生长正常瓜条可延后采收。三看采瓜后是否要贮藏。这茬瓜在采收的前期，露地秋延后和日光温室秋延后黄瓜还有一定的上市量，如果同时上市，势必影响价格，减少收入，为了不与其争夺市场，赶上好行情，可将采下的瓜进行短期贮藏。拟贮藏的瓜，在商品成熟范围内应在黄瓜的初熟期和适熟期采收，避免在过熟期采收，否则在贮藏过程中易出现失水黄衰；如果采后直接出售时，可在适熟期和过熟期采收，让瓜条长足个头，以增加黄瓜产量。

(四)冬春茬

冬春茬黄瓜生产主要是在一年之中日照最差、温度最低的季节里进行的,其栽培技术难度较大,要求比较严格,但却是经济和社会效益最好的一茬。

冬春茬黄瓜育苗期温度和光照比较适宜,较易栽培。该茬黄瓜定植后气温开始下降,光照逐渐减弱,对植株生长十分不利,因此,要求日光温室结构必须合理,保温效果好,并要严格按科学的技术管理措施进行管理,才能在不良的环境下保持黄瓜的缓慢生长。

黄瓜要求温暖、湿润的环境条件,冬春茬黄瓜生产必须采用合理的日光温室设施。根据冬春季节的气候特点,日光温室必须有最好的采光屋面角度和最好的保温性能。无论采用何种结构形式的日光温室,在严冬季节所创造的温度条件必须满足黄瓜生长最基本的需要。依据黄瓜的生物学零度的概念和黄瓜根系所能忍受的最低下限温度,在正常管理下,日光温室的最低温度不宜低于8℃。寿光市菜农多采用保温性极好的半地下或日光温室,这种设施的采光屋面角度为25°~32°,后墙和山墙的厚度在2米以上,覆盖无滴性好、透光率高、耐低温性能强的优质薄膜,具有良好的保温、贮热功能。

1. 育苗

(1)选择品种　冬春茬黄瓜目前均采用的嫁接苗,其中对接穗的品种要求严格,要求其在低温和弱光下能正常结瓜;同时,要耐高温、耐高湿,在高温和高湿条件下结瓜能力强,结回头瓜多。此外,要求其抗病性好,对日光温室环境的适应能力强,对管理条件要求不严,受到意外伤害后恢复能力要好。目前,寿光市生产上应用的绝大部分品种仅限于密刺系统,包括原有的长春密刺、新泰密刺以及津春3号、津优3号、津绿3号、中农5号等。

(2)确定播种期　冬春茬黄瓜一般苗龄为35天左右,定植后约35天开始采收,从播种至采收历时70天左右。冬春茬黄瓜一般要求在元旦前后开始采摘,以便到春节前后进入产量的高峰期。由此推算,正常的播期应在10月上旬至中旬。此期播种,可以保证在大多数地区的温度条件下,有利于嫁接伤口愈合和在严冬到来以前搭好丰产架子。目前,一些保温性能差的日光温室迫于严冬时产量没有把握,往往通过提早播种来获取冬前产量,也有的为了在冬春茬黄瓜春天产量高峰过后能套种一茬春提早的蔬菜,往往也把播期向前提,这是目前这茬黄瓜在播期上的新动向。

(3)嫁接育苗　在日光温室里通过嫁接育苗方式培养出高为10～15厘米、粗为0.6～0.7厘米,具有4叶1心,苗龄为35～40天的健壮幼苗。

2. 定　植

(1)施肥整地　用于冬春茬黄瓜栽培的日光温室,需在日平均气温达到16℃前后及时扣膜,以避免地温散失过多。由于育苗是在日光温室里进行的,所以施肥整地可在扣膜前进行,多数是在扣膜后进行,可根据劳力、农活和肥料的准备情况灵活掌握。

冬春茬黄瓜一是要施足基肥,既要满足黄瓜长期结瓜对养分的需要,又不能过量而产生肥害;二是要有利于提高土壤的通透性和贮热保温能力,能大量连续地分解产生二氧化碳。因此,基肥应以腐熟的秸秆堆肥、牛马粪、鸡禽粪、猪圈粪和粪稀为主(粪稀宜在扣膜前灌施),施入纯净的圈肥和粪稀时也须适量掺入铡短的鲜稻草、充分腐熟的麦糠、稻壳及废弃食用菌培养基等。每667平方米农家肥用量应不少于10000千克。要通过增施有机肥使20～30厘米的表土成为富含有机质的"海绵土",这是保证该茬黄瓜高产、少病、高效益的一个关键。每667平方米化肥用量为过磷酸钙100千克或磷酸二铵30～50千克。

基肥多时宜普施,基肥较少时可用其中的2/3做普施,1/3做沟施。地面铺施后人工深翻2遍，再按计划的行距开沟，将剩余肥料施入沟里，每667平方米最好再施入生物肥(如酵素菌肥)40～50千克，或施入饼肥200千克，使其与土充分混匀，而后在沟里浇大水、造足底墒。冬春茬黄瓜一般采取大小垄栽培，目前主要有两种配置方法：一种是大行距80厘米，小行距50厘米，平均行距65厘米，可称为密植栽培；另一种是小行距80厘米，大行距100厘米，称为稀植栽培。

(2)栽苗　栽苗宜选晴天进行。将秧苗分大、中、小三级后，搬运到定植垄旁，从整个日光温室来看，大苗应放到东西两头和日光温室前部，小苗宜放到日光温室中间。从一行来看，大苗在前，小苗在后，一般苗居中，这样有利于今后生长整齐一致。

一般密植栽培的，平均株距为23厘米左右，稀植栽培的，平均株距约30厘米。摆苗和栽苗时要掌握前密后稀，因为日光温室里光照是前强后弱，这样可以使不同部位的秧苗获得基本相同的光照。定植时，有的是按株距开穴，穴内栽苗；有的是在定植垄上开一道深沟，将秧苗按规定的株距摆到沟里稍加固定，而后在穴内或沟里浇水，水渗后平坑(沟)培土、围苗，整平垄。注意秧苗不可深栽，填土后苗坨与垄面要持平，更不能把嫁接口埋到土里。

(3)覆盖地膜　过去不少菜农习惯先覆膜后栽黄瓜，或栽后随即覆盖地膜。这样做实际上是削弱了嫁接苗黄瓜根系深扎的优势，降低了植株抗寒、耐低温的能力，背离了嫁接育苗的目的。其实，定植时多数地方的地温一般都不低，覆盖地膜的目的在于提高地温，定植后应该是在反复锄划的基础上，尽量促进根系深扎，待栽后15天左右再覆盖地膜。地膜要用钢丝起好拱：首先在温室前沿处横向固定一根钢丝，其长度根据温室长度决定，钢丝两头用木桩固定好；然后在种植行北面固定一根钢丝，与前沿处的钢丝等长。这样种植行前端和后端就各有一根钢丝，而后在每个种植行中间纵向拉一根钢丝，与种植行等长，两端固定在前后两根钢丝上。这样，覆盖上地膜后，地膜就不会再贴在地面上，而是留有 30 厘米左右的空间，让地膜充分发挥其保温、保湿的作用。

3. 定植后的管理

(1)环境调控

①温度管理　冬春茬黄瓜生育期的温度管理大体可分为以下 3 个阶段。

越冬前定植至根瓜膨大期：这一时期大多数地区的天气较好，管理上应以促秧、促根和控制雌花节位为主，抢时搭好丰产架子，培养出适应低温雾日照条件的健壮植株，为安全越冬和年后高产打下基础。

冬春茬属于长期栽培，一般要求黄瓜能提早出现雌花，以便有利于调整结瓜和长秧的关系，在温度管理上要依苗分段进行：第一片真叶以前实行较高的温度管理，一般晴天上午保持 25℃～32℃，夜间 16℃～18℃。从第二片叶展开起，采用低夜温管理，清晨为 10℃～15℃，以促进雌花的分化。5～6 片叶以后，当栽培环境有利于雌花的分化时，将使品种的雌花着生能力得到充分的表现。此期的温度应适当高些，晴天上午为 25℃～32℃，下午为 23℃～30℃，夜间 18℃～14℃。

越冬期至结瓜前期：冬春茬黄瓜开始结瓜后，大多数地区已进入严冬时节，光照越来越显不足，此时管理温度必须在前一阶段的基础上逐渐降下来，逐渐达到晴天上午 23℃～26℃，不使其超过 28℃；午后为 22℃～20℃，前半夜为 18℃～16℃，不使超过 20℃，清晨揭苫时为 12℃～10℃。此时温度特别是夜温一定不能过高。黄瓜瓜条是植株光合产物的最大分配中心，如果植株上没有瓜，初级光合产物分配不出去，就要以淀粉和碳水化合物的形式残留在叶片里，这些残留物通过生物化学反应或对叶绿素的生理危害不仅要降低光合速率，还要引起叶片僵硬而提前老化和诱发霜霉病。如发生此种情况，即使再浇水追肥也很难恢复。解决的办法有两个：一是打掉下部老叶，降低光合物质的生产量；二是提高夜温，促使茎叶生长，使初级光合产物转化为植物结构物质，增加夜间呼吸消耗，使光合产物不至于过多地在叶片中残留积累。

越冬后至春季盛瓜期：入春后，日照时间逐日延长，日照强度逐日加大，温度逐日提高，黄瓜将逐渐转入产量的高峰期。此期温度管理指标要随之而提高，逐渐达到理论上适宜的温度，即晴天的白天为 25℃～28℃，不要超过 32℃；夜温为 18℃～14℃，不超过 20℃，在此温度下的植株一般比较健壮，营养生长和生殖生长比较协调，有利于延长结瓜期和获得高产。进入 3～4 月份，为了抢行情，及早拿到产量，也有的采用高温管理，晴天的白天上午温度掌握在 30℃～38℃，夜温在 21℃～18℃。高温管理须具备以下基本的条件：一是品种必须对路，如密刺系统的黄瓜一般可实行这种管理；二是瓜秧必须是健壮而偏旺的，瘦弱的植株往往不适应这种高温条件；三是必须有大量施用有机肥的基础，能够大量施用速效氮肥；四是必须有良好的灌水条件。

②通风管理　定植后的一段时间里要封闭日光温室，以保证湿度，提高温度，促进缓苗；缓苗后要根据调整温度和交换气体的需要进行通风。但随着天气变冷，通风要逐渐减少。在冬季，为排除室内湿气、有害气体和调整温度也需要通风。但冬季温室外气温低，如果冷风直吹到植株上或通风量过大时，易使黄瓜受到冷害甚至冻害。所以，冬季通风一般只开启上通风口，并须经常检查室温变化，防止温度下降过低。春季天气逐渐变暖，温度越来越高，室内有害气体的积累越来越多，要逐渐加大通风量以调整温度和交换空气。春季的通风一定要与防治黄瓜霜霉病结合起来，只能从日光温室的高处(原则上不低于 1.7 米)开口通风，不能通底风，棚膜的破损口要随时修补，下雨时要立即封闭通风口，以防止霜霉孢子进入温室内。此外，超过 32℃的高气温具有抑制霜霉病孢子萌发的作用，这也是通风时需要考虑的问题，当温室外夜温稳定在

14℃～16℃时，可以彻夜进行通风，但要防止雨水进入温室内。日光温室的黄瓜一直是在棚膜覆盖下生长的，一旦揭去塑料棚膜，生产即告结束。

温室黄瓜生产不论哪个时期都要做到科学通风，以调控日光温室温度。晴天主要控制温度，温度在16℃时，空气相对湿度为100%；温度在18℃时空气相对湿度为85%，随着温度的升高，空气相对湿度降低。白天上午温度达到30℃时，开始通风；下午温度降至20℃左右时，通小风；温度降为13℃时，关闭通风口。一般的规律是：阳光充足时日光温室内每小时可升温7℃～10℃；傍晚到上半夜是黄瓜养分转化和运输的主要时期，此时温度以18℃～20℃最为适宜；下半夜植物呼吸作用加强，养分消耗较多，温度应控制在13℃～15℃，以减弱呼吸作用。阴天主要是在保温的情况下控制好湿度，早晨可通风半小时，中午较热时通风1～2小时，傍晚通风半小时左右，而后盖草苫。

(2)肥水管理

①水分管理　在浇好定植缓苗水的基础上，当植株长有4片真叶，根系将要转入迅速伸展时，应顺沟浇一次大水，以引导根系继续扩展，随后转入适当控水阶段，直到根系膨大前一般不浇水，主要是加强保墒、提高地温，促进根系深入发展。如果此时浇水过于频繁，南瓜根就会浮在近地表层，对以后的抗寒不利。结瓜以后，严冬时节即将到来，植株生长和结瓜虽然还在进行，但用水量要相对减少，浇水不当容易降低地温和诱发病害。天气正常时，一般7天左右浇1次水，以后天气越来越冷，浇水的间隔时间可逐渐延长到10～12天。浇水一定要在晴天的上午进行，这样一是使水温和地温更接近，根系受刺激小；二是有时间通过通风排湿，在中午强光下使地温得到恢复。

浇水间隔时间和浇水量的具体调控，要根据黄瓜植株的长相、黄瓜膨大增重和某些器官的表现进行权衡判断。瓜秧深绿，叶片没有光泽，龙头舒展是肥水适宜的表现；卷须呈弧状下垂，叶柄和主茎之间的夹角大于 45℃，中午叶片有下垂现象，这是水分不足的表现，应选晴天及时浇水。

春季黄瓜进入旺盛结瓜期，需水量明显增加。此时灌水就不能只限于膜下的沟内灌，而是要逐沟浇水。浇水间隔时间要随着管理的温度不同而确定：常规温度（白天 25℃～28℃，不超过 32℃，夜间 18℃～14℃）下一般 4～5 天浇 1 次水；管理温度偏高的，根据情况可 2～3 天浇 1 次水。嫁接苗根系扎得深，不能像黄瓜自根苗那样采取轻浇水的办法，须在间隔一定时间后再适当地加大一次浇水量，把水浇透，以保证深层根系的水分供应。

空气湿度调节的原则是：从嫁接到缓苗期宜高些，空气湿度以达到 90％左右为好；结瓜前适当高些，一般掌握在 80％左右，以保证茎叶的正常生长，尽快地搭起丰产的架子；深冬季节空气相对湿度控制在 70％左右，以适应低温寡照的条件和防止低温高湿下多种病害的发生；入春转暖以后，空气相对湿度要逐渐提高，盛瓜期要达到 90％左右；此时，原来覆盖在地面的地膜要逐渐撤掉，而且大小行间都要浇明水。高温时必须配合以高湿，否则高温的危害不利于黄瓜的正常生长和结瓜。

②追肥　冬春茬黄瓜结瓜期长达 4～5 个月，要求肥料必须充足，但每次的追肥量又不宜过大，这时因为南瓜根比黄瓜根吸肥能力强，吸肥范围广，故需增加吸收量，但如果一次施肥过多容易引起茎叶徒长。冬季的一大段时间里，黄瓜的生长量不大，又不能多浇水，追肥量大时极易引起土壤浓度过大，形成浓度障碍。冬春茬黄瓜的科学追施肥方法如下：摘第一次瓜后追 1 次肥，每 667 平方米用硫酸铵 20～30 千克；低温期一般 15 天左右追 1 次肥，每次每 667 平方米追硫酸铵 10～15 千克＋腐殖酸 5～10 千克；严冬时节要特别注意搞好叶面追肥，叶面喷肥绝对不可过于频繁，否则会造成药害和肥害；春季进入结瓜旺盛期后，追肥间隔时间要逐渐缩

短，追肥量要逐渐增大，每667平方米每次施尿素15～20千克；结瓜高峰期过后，植株开始衰老，追肥和浇水也要随之减少，以促使茎叶养分向根部回流，使根系得到一定恢复，以延长结瓜期。

(3)植株调整

①吊蔓　栽培冬春茬黄瓜时，为了促进发育，保持根系旺盛的生命力，多是采取不打顶任其自然生长的方法。冬春茬黄瓜一般要长到40～50节，日光温室高度有限，生长一段时间就要把瓜蔓落下。为了落蔓方便，一般都采用尼龙线披和布条吊挂，或用尼龙网支架，这样可大大减少架材的遮荫。吊挂尼龙线披或尼龙网时，尽量使其不和日光温室拱架直接连接，最好独立支架。吊挂用的尼龙线披应在上部多留出一部分，以便落蔓时继续用。

②整枝　及时搭架、绑蔓、掐尖、打杈、摘除黄叶和老病叶也是必不可少的经常性的工作。绑蔓时要注意抑强扶弱。对易生侧枝的品种，在根瓜收后，可适当留些侧枝，留一瓜即摘心。对主蔓及时摘心，防止瓜秧占满温室空间而影响通风透光，同时又可控制新生叶过多消耗养分，以促使回头瓜和杈子瓜的形成。一般以25片叶时摘心为宜。

③落蔓　黄瓜生长中后期，受病虫、衰老等多种因素影响，植株下部叶片黄化，失去光合能力，出现无瓜区。为使植株能继续生长结瓜，采取落蔓技术是行之有效的好方法，即将植株整体下落，让植株上部有一个伸展空间继续生长结瓜。

落蔓的具体方法是：将下部无瓜光秃秧盘压在根的周围。落蔓时，使植株保持12～15片功能叶片，同时使蔓顶距棚膜保持40厘米左右，并且落蔓后要把蔓的生长点均匀地分布在一个南高北低的倾斜面上，以利于采光。此法能有效地延长黄瓜生育期，黄瓜的总产量可提高30%以上。

4. 采收　嫁接黄瓜育苗时温度不高，日照较短，本来就有利于雌花的分化，更由于嫁接进行切口，使营养生长一时受到抑制，生殖生长得以发展,往往雌花发生得早且多,影响瓜秧生长。如果定植后再遇上低温连阴天,多发雌花的现象就更加严重。遇到这种情况,要下狠心及早采摘下部的瓜,必要时还要把一部分或大部分(有时是全部)的瓜纽疏掉,以保证瓜秧正常生长,为提高产量打好基础。结瓜初期要适当早摘、勤摘,严防瓜坠秧。低温寡照到来以后,植株制造的养分有限,瓜坠秧的现象更容易出现,也必须强调早摘勤摘。春暖以后,更要勤摘早摘,以充分发挥优良品种的增产潜力。

5. 黄瓜温度、光照管理中的误区

误区一:黄瓜需要的温度越高越好。冬春季节由于气候的原因,自然光照和大气温度较低,要想人为地提高光照强度和温室温度难度很大。一般来讲,黄瓜较为适宜的夜温在15℃~18℃,白天在32℃左右。但黄瓜在更高温度下仍然可以正常生长,当光照充足、气温达到39℃时,光合作用才能达到顶峰,51℃光合作用才会停止。在38℃~40℃范围内,虽然光合作用强大,呼吸作用同样强烈。实际光合产物的积累以26℃~30℃为宜,在此温度范围内,温室栽培的黄瓜所需温度越高越好。较低的夜温有助于减少呼吸消耗,黄瓜的膨瓜主要以夜间为主,减少呼吸消耗能多结瓜,产量高。一般来讲,温室夜间最低温度应在10℃以上,低于8℃应适度加温,以确保生长不变不抑制和不产生畸形花瓜。但在夏季露地种植时,即使达到39℃的高温,也能形成较高的产量。

误区二:只要耐弱光,就不需要补光。冬春季节温室栽培的密刺黄瓜应该是耐低温弱光的,这与黄瓜起源于原始森林有关。实验证明:黄瓜的光饱和点一般为5.5万~6万勒,光补偿点为2000勒。在此范围内,光的强度越高,生长越健壮,产量越高。但在冬春季节的大部分时间内,光的最大强度仅为5万勒克斯左右,光通过棚膜以后,光强减少20%~30%,温室内光照一般只有3万勒以下。如遇上连续阴雨雪天气,光照在补偿点以下,黄瓜处于

“饥饿”状态，对产量的影响很大。因此，冬春季节温室黄瓜的光照严重不足，需要补充光照以提高黄瓜产量。一般的做法是：经常擦拭薄膜，去除尘土以增加透光率，通过无色地膜覆盖，增强地面阳光反射，使中、下部叶片接受较多的光照；设置后墙反光幕也有一定的效果。但最为有效的方法是设置植物钠灯等补光专用灯，一般功率在300瓦以上，每8～10米设一盏。功率小的白炽灯作用不明显。

误区三：只要有较高的气温，地温高低无所谓。黄瓜对地温的要求要高于气温。1℃地温相当于2℃气温的效果。有利于黄瓜根系生长的最低地温是12℃～15℃，但地温高于8℃时，主根还是能伸长的。地温低于8℃时，主根和根毛都受到抑制，不再伸长。试验证明：如果将地温从18℃提高至24℃，黄瓜的早期产量和总产量分别提高45%和34%。但地温若超过32℃，总产量降低。使用南瓜嫁接时，黄瓜的抗逆性显著提高，地温降至12℃时，根系仍能正常生长发育。因此，地温对黄瓜的作用远远大于气温。提高冬季温室地温的方法很多：采用寿光半地下日光温室的建造方法，有利于热容量加大，提高地温；增施作物秸秆和牛马粪等，是一种利用酿热物提高地温的方法，效果较好；通过全地膜覆盖和防寒沟，也能有效提高地温。在深冬季节，减少化肥施用量，尽量多施有机肥和生物菌肥，即增施热性肥料，对提高地温是有益的。总之，要想在深冬季节提高黄瓜产量，提高地温是十分重要的一个条件。

二、大跨度半地下日光温室西葫芦高产栽培技术

(一)越冬茬

西葫芦越冬茬栽培的育苗期基本与越冬茬黄瓜育苗期一样，但由于西葫芦的苗龄期比黄瓜短，所以可以比黄瓜的播种期适当晚 5～7 天为宜。以寿光市为例，此地区一般于 10 月上旬播种育苗或直播，元旦即可采收嫩瓜上市，如管理得当，结瓜期可达 4 个月之久。当前，以直根苗西葫芦作为日光温室的主栽品种，在寿光还占有相当大的比例。同时，为了提高经济效益，有的菜农也创造了多种排茬种植的方法。如直根苗西葫芦假设 3、4 月份结束，再想种任何蔬菜，季节已晚。因此，在种植西葫芦的同时，可把苦瓜、丝瓜苗也一块套种在日光温室内，因苦瓜、丝瓜是高温蔬菜，深冬季节生长缓慢，对西葫芦的影响不大。待翌年西葫芦长势减弱时价格降低，拉秧使其接茬生产，日光温室的效益仍然较高。

1. 浸种催芽　将购进的种子放入清水中，将漂浮在水面上的不成熟的种子清除掉。然后用 55℃～60℃的温水浸种 10 分钟，以杀死种皮上的病原。捞出放入 20℃～30℃的温水中浸泡约 4 小时，捞出后控干水分，用潮湿纱布包裹，在 28℃～30℃条件下催芽。种子破嘴露白后即可播种。浸种时应注意，不要把 55℃～60℃的水加得过多，放入种子后要不停地搅拌，使水温很快降低，以免烫伤种子。换上 20℃～30℃的温水时，要用手搓掉种皮上的黏液，用纱布包好。在催芽过程中，要隔 4 个小时打开布包一次，让其呼吸新鲜空气。

2. 播种育苗　西葫芦直播苗的根系较强大，吸收水分和养分的能力强，所以日光温室栽培西葫芦时多采用直播法。有时因茬口安排有困难，也可采用苗床育苗，以节省土地和掌握农时。许多

种植户近几年广泛采用营养钵育苗，非常有利于管理和移栽，而且不会因为伤根而传染病毒等病害。

无论是采用苗床育苗还是营养钵育苗，都要先配制好营养土，这对培育壮苗极为关键。取3份4年之内没有种过瓜类的肥沃园田土、1份腐熟圈肥加入少量柴草灰和锯末混合均匀后过筛，而后做畦或装营养钵，播种后覆土2厘米厚，在畦面撒少量拌有敌百虫的麸皮防治地下害虫。用小拱棚薄膜封闭保湿，直至出苗。

西葫芦适龄壮苗的标准为日历苗龄30天左右，具有3～4片真叶，株高10厘米左右，茎粗在0.5厘米，叶柄长度与叶片长度相等，叶色深绿，子叶完好，根系发达。

幼苗期的温度管理如下：白天气温保持在20℃～25℃，超过25℃时要通风降温。夜间气温保持在10℃～15℃，最低不要低于6℃。夜间温度控制过高，苗子容易徒长，形成高脚苗，同时也利于雌花分化，结果晚。此期要科学适当地控制水分，出现明显的缺水症状时可浇小水，浇水后要注意通风，以降低空气湿度，预防病害发生。为防止发生立枯等病害，可用多·福·锌600～800倍液灌根。为预防叶片发生病害，可每隔7天用甲基硫菌灵800倍液或百菌清600倍液叶面喷洒1次。为防除温室白粉虱、蚜虫、菜青虫、斑潜蝇对幼苗的危害，可每隔5～7天喷施一次针对性药物杀虫。

3. 移栽、起垄、盖膜 定植西葫芦前，要施足基肥，然后深翻整平、起垄，按大行90厘米、小行60厘米、株距55～70厘米的尺寸画线，把秧苗放到已开出的浅沟内，从秧苗两边起垄，从垄底到垄顶高度达到25～30厘米，垄背宽达到25～30厘米，而后浇缓苗水，2～3天后覆盖地膜。此道工序应注意以下3点：①要把施的肥料一次撒于地面深翻，坚决杜绝把化肥、鸡粪施到定植沟内，避免肥害烧苗。②浇缓苗水时要选晴天上午进行，要求浇透浇足。浇水时不要开通风口，待温室内气温达到30℃时再通风降温排湿。③要采用 1.5 米宽的地膜，开口要小，两边要拉紧，小沟上的地膜要拉平。

地膜要用钢丝起拱：首先在温室前沿处横向固定一根钢丝，钢丝长度根据温室长度决定，钢丝两头用木桩固定好，而后在种植行北面固定一根钢丝，与前沿处的钢丝等长。这样种植行前端和后端就各有一根钢丝，然后再在每个种植行中间纵向拉一根钢丝，与种植行等长，两端固定在前后两根钢丝上。这样，覆盖上地膜后，地膜就不会再贴在地面上，而是留有 30 厘米左右的空间，让地膜充分发挥保温、保湿的作用。

4. 定植后的管理　西葫芦移栽定植后很快进入正常的生长，进入前期和中后期管理。此阶段要加强管理，使西葫芦植株生长健壮、发育正常，才可获得较高产量，取得较高经济效益。如果看到秧苗已经成活，在管理上掉以轻心，轻者植株发育不良，重者前功尽弃，将造成经济损失。在日光温室的管理中，可按其生长过程划分为前期管理（春节前）和中后期管理（春节后）。冬春两季气候差异很大，西葫芦在各个生育阶段的需求条件也不一样，应根据不同阶段的需要加强管理。

（1）前期管理　西葫芦移栽定植后的几天，即进入缓苗期。西葫芦苗从苗床移栽到日光温室中，所处的环境发生了较大变化，在缓苗期内要创造适宜的条件，促使其尽快生根。日光温室内气温白天应保持在 25℃～30℃，夜间保持 18℃～20℃，并选择晴天上午浇一次缓苗水以保持适宜的湿度。缓苗期过后，要适当降低温度，白天气温应保持在 20℃～25℃，夜间保持在 18℃～20℃。这时把夜温降低的目的，是为了防止秧苗徒长，以利于雌花的分化，早现雌花，早坐瓜。植株坐瓜以后，温室内气温可适当提高，白天气温控制在 25℃～28℃，夜间控制在 15℃～18℃，以加速植株生长。

嫁接后的西葫芦最为理想的上市时间是元旦前后的几天，但此时还形不成批量生产。单瓜的重量，以达到 300～400 克采摘最为适宜。如果采摘过晚，瓜条消耗营养过多，妨碍了植株发育。从元旦到春节这段时间，既是北方地区的蔬菜淡季，精细菜的消费量很大，此期鲜菜也能较长时间地存放市场，行情好、价格高，也正值日光温室西葫芦盛果前期。而日光温室内栽植的恋秋直播西葫芦，已到了拔秧阶段，而嫁接的西葫芦进入了高产量、高效益的时期，茬口衔接紧密。在此阶段内采取强有力栽培管理措施，把产量促上去。

这段时间的管理要求是：延长光照，搞好保温，适量浇水，力夺稳产。即要注意早拉晚放草苫（兼顾温度），尽量延长光照时间，如遇特殊气候变化，也可以在温室内安装灯泡，给西葫芦补充光照。为提高西葫芦叶片的光合效率，可以喷施光合促进剂。遇连续雪天、阴天应该考虑利用电、炉火等方法为日光温室加温。在深冬季节除了在晴朗天气坚持早揭晚盖草苫以外，同时要严格按照要求通风，温室内温度达不到 28℃不要开通风口（多云天气温度达不到 27℃～28℃时，可在 12 时以后通风，但要缩短通风时间）。温度降至 23℃即迅速关闭通风口，使温室内尽可能多地积蓄热量，无滴膜很容易粘上草屑、尘土，要坚持每 2～3 天擦拭一遍，以增大无滴膜的透光率。如遇到雨夹雪严寒天气，有条件的要在草苫表面加盖一层塑料膜防寒、保温。用明火升温时要注意防止烟害。

春节前后西葫芦的浇水既讲究方法，也讲究浇水量。如连续出现晴朗天气，西葫芦植株健壮但不徒长，土壤中水分含量低于 85%，可浇一次足水，大沟小沟一块浇。如果气候出现大的变化，西葫芦又很需要浇水，这时可只浇小沟，不浇大沟。西葫芦温室内土壤水分含量以 85%～90%，白天空气相对湿度以 75%～85%，夜间以 90%较为恰当。如果温室内土壤湿度过大，地温又偏低，很容易出现沤根和病害。如温室内空气湿度过大，叶片表面挂有一层水膜，将干扰气体交换，阻碍光合作用，使叶片蒸腾作用出现障碍,进而影响到整个植株养分和水分的吸收,出现生长势减弱、生育不良、病害随之加重。因此在浇水时,要在晴天的上午浇,下午或者阴天不能浇,浇完水,要把温度升到28℃才能打开通风口,这样做既有利于提高地温,又可降低湿度。浇水后如果遇到阴天和雨雪天气,可施放烟雾剂杀菌防病。

整蔓是日光温室正常的田间管理措施。西葫芦之间生长势不尽一致,有高有矮,需要通过整蔓,把较高的植株落到和整个群体一致,做到互不遮光。主蔓长到1.6米时落蔓一次。落一次蔓一定要把底部的老叶打去,并带到温室外。打老叶或采收瓜条要使伤口离主蔓稍远些,否则主蔓极易造成感染而烂断。每天上于8～9时采下刚刚开放的雄花,把雄蕊的花粉轻轻涂在雌花的柱头上。还可用40～80毫克/千克的2,4-D液涂抹雌花柱头,以起到保花保果的作用。若在人工授粉后的第二天再用2,4-D处理瓜柄和柱头,效果更佳。

(2)**中、后期的管理**　阴历2月份,西葫芦随着天气转暖进入盛产期,这时对肥水的需求量加大,同时随着浇水次数的增多,受光照、温度、湿度的变化影响,病虫害有所加重,此时要肥水齐攻,并注意防治病虫害。进入盛果期后,每次浇水前先把所施的肥料放在容器中溶化,浇水时随水浇入。切忌只浇清水,每次浇水需带肥。并根据生长势的需要适时追施叶面肥,以满足其生长的需要。

利用日光温室进行西葫芦生产,如果有机肥施得足,夜晚分解的二氧化碳会不断增加。据测定:日光温室内夜间10时至12时,二氧化碳含量能增加到800～1000毫升/米^3,这个含量能维持至天亮。草苫揭开后,阳光照射到温室内,使温室内的温度升高,二[illegible]碳的含量却急剧下降,到上午10时前,温室内二氧化碳含量[illegible]气的含量(300毫升/米^3)以下,日光温室开始通风以后,[illegible]室内外的气体互相流通,二氧化碳含量与大气平衡。

5. 人工辅助授粉　利用西葫芦的雄花为雌花授粉,操作既费工费时，而且能导致嫩瓜顶部稍大，降低商品性。近几年采，菜农多采用氯吡脲、2,4-D溶液涂抹雌花，效果极佳。在涂抹时应注意的事项如下：一是拉开草苫后，要注意观察温室内的温度，当温度达到20℃时再开始涂花。如气温偏低时涂抹雌花效果不理想。二是注意涂花的操作顺序，用毛笔蘸药，先涂雌花柱头，再涂果柄，最后在果实上涂一道，这样涂的花瓜条顺直，无大头无细腰，商品性好。有的菜农为防止雌花感染灰霉病，在涂花的药液中加入少量腐霉利，效果良好。三是授粉以后雌花会逐渐干枯脱落，田间管理时要及时把脱落的花拾出温室外，尽量减少传染灰霉病的机会。

6. 吊蔓和架蔓 由于西葫芦叶片硕大，叶柄较长，在日光温室栽培相对密度较大的情况下，中、后期必然会出现相邻植株互相遮荫的现象，致使下部叶片得不到光照，造成营养不良而变黄、干枯。改善光照条件的主要措施是进行吊蔓，具体方法是：每一垄西葫芦的上方1.8米处南北向拉一条细钢丝，每棵西葫芦拴一根吊绳，上头拴在细钢丝上，下部拴西葫芦的吊绳一定要系成活结，这样植株坐瓜以后不至于向一边倾斜歪倒。吊蔓时每株留一头，其余腋芽及早抹去。同时，要经常打掉底部已失去功能且枯黄的老叶，减少营养消耗。西葫芦在生长过程中，易生许多卷须，为节省营养，也应将卷须及早抹掉。打老叶和病残叶时，要从主蔓和叶梗结合的地方掰掉，这样容易使伤口尽快愈合，最好不要从叶梗的中间折断，这样容易感染病害。

7. 病虫害防治 日光温室西葫芦的病虫害主要有病毒病、灰霉病、蚜虫和白粉虱。对病毒病应以预防为主，消灭传毒害虫，发病初期可用盐酸吗啉胍铜系列混加嘧啶核苷肽类抗生素防治；灰霉病用50%异菌脲可湿性粉剂1500倍液或40%嘧霉胺可湿性粉剂2000～2500倍液防治；白粉病可用40%多·硫胶悬剂800倍液或25%乙嘧酚水剂800倍液防治；蚜虫可用70%吡虫啉可湿性粉剂5000倍液或5%啶虫脒可湿性粉剂1500倍液或10%烯定虫胺 2500 倍液防治；白粉虱可用 10%吡虫啉可湿性粉剂 1500 倍液防治或黄板诱杀。

8. 适时采收嫩瓜 西葫芦以嫩瓜为产品，嫩瓜的采收时间根据坐瓜部位、采收季节和植株生长势确定。生育前期，坐瓜的节位低，瓜体生长对整个植株生长影响较大，此时正处在严寒季节和瓜菜的淡季，应适当提早收摘上市，一般当嫩瓜长至 150～250 克即可采收。在结瓜盛期，一般当嫩瓜长至 400～500 克时采收，如果采收过晚，不但容易发生"坠秧"现象，而且会影响上一节位已经坐住的瓜生长发育，有时还会使上一节位的瓜发生畸形，因而降低商品价值。

（二）早春茬

1. 选用良种 早春西葫芦应选择株型小，节间粗短，瓜码密，早熟丰产，抗病毒病和耐高温的品种。

2. 育 苗

（1）*确定适宜的播种时间* 早春茬西葫芦一般苗龄为 30 天左右，定植后约 30 天开始采收，从播种至采收历时 60 天左右。早春茬西葫芦一般要求在 4 月份前后开始采收，以便到"五一"节前后进入产量的高峰期。由此推算，寿光正常的播期应在 1 月中下旬。

（2）*育苗应掌握的要点* 早春西葫芦进行护根育苗。出土前昼夜保持 25℃～30℃，出土后白天保持 20℃～23℃，夜间保持 10℃～15℃，不能低于 6℃。

3. 定 植

（1）*整地施肥* 早春茬西葫芦栽培属于"短、平、快"的快节奏生产的一茬。定植前要整地做垄，西葫芦根系较发达，喜欢肥沃土壤，冬前深翻，早春施肥整地，每 667 平方米施优质农家肥 5000 千克、过磷酸钙 40～50 千克、尿素 30～40 千克。采用地面撒施和开沟集中施用相结合的方法进行。但沟施时应结合该茬的种植形式进行。撒施以后应深翻土 40 厘米，打碎土块，使土壤和粪肥充分混匀，整平地面。按照 80 厘米的大行距和 55～60 厘米的小行距开约 10 厘米深的定植沟。若用开沟集中施肥的方法，则在开沟后施肥、浇水然后再起垄。垄高大约为 25 厘米，沟底宽约 30 厘米，在 80 厘米的大行间掘起一条可供人员行走的垄。把两个相距 55～60 厘米的垄间用地膜覆盖起来，地膜分别搭在两垄外侧各 10 厘米左右。

(2)定植的时期和密度　早春茬日光温室西葫芦的定植时期，应该根据不同纬度地区、日光温室中的温度条件、光照条件、本地区的市场销售情况以及该地区的天气变化规律来决定。华北地区一般应在 11～12 月份定植。西葫芦的栽培密度应根据品种的株型以及栽培方式来决定。小型品种每 667 平方米栽 1800 株左右，大型品种栽 1600 株左右。近年来多采用吊蔓栽培的方式，小型品种如早青一代一般每 667 平方米栽苗 2000 株。在日光温室的栽培条件下，冬春茬栽培西葫芦的行距已经固定，大行距为 80 厘米，小行距为 55～60 厘米，栽培密度主要由株距的变化来决定。实行三角形定植，株距为 45 厘米左右。

(3)定植方法　定植前两天把育苗床浇透水，定植时边割坨边栽苗。定植苗要选择植株大小一致、生长势旺、无病虫害的苗，按规定的株行距在垄上破膜开穴，把苗坨植入穴中并使苗坨稍露出地面，分株浇稳苗水，待水渗下后覆土使苗坨面与膜面持平，可用土将膜的开口封压住。由于冬春茬定植时地温和气温都比较低，所以定植应该选择在晴天的上午进行，定植结束后若地温较高，可浇小水作缓苗水，切不可顺沟浇大水，否则将降低地温使植株缓苗更慢。缓苗后顺沟浇一次透水，把垄湿透。

4. 定植后的管理

(1)环境调控　西葫芦是既喜强光又耐弱光的作物，但是以 11～12 小时的强光最适宜，尤其幼苗期光照充足，可使第一朵雌花提早开放，并能增加雌花的数量，进入盛果期更要求强光照。晴天多、光照强能使收获期提前和提高产量，阴天多、光照弱则相反。

短日照也可促进雌花的发生，但花芽的分化及雌花的生长与温度有关。温度与日照相比，温度是主要条件。在日照为 8～10 小时、昼夜温度为 15℃～20℃的条件下，第一朵雌花出现的节位和节成性是：温度愈低，日照时数愈短，雌花出现越早、节成性越高；否则，相反。

在白天为 20℃～25℃，夜温为 10℃～15℃，日照长度为 8 小时的条件下，不但雌花多，而且子房和雌花都比较肥大。但对未受精的花朵来说，日照短于 7 小时反而比日照长于 11 小时的坐瓜少，超过 18 小时的长日照则不会坐瓜。受精花朵的坐瓜则不受日照长短的影响。

（2）肥水管理　整地时每 667 平方米施有机肥 8 立方米、过磷酸钙 80 千克、磷酸二铵 30 千克、硫酸钾 30 千克。定植时浇足水，缓苗期间一般不浇水。定植后至根瓜采收前，是促根控秧时期，一般不浇水。当第一根瓜坐住并开始膨大时开始浇水，每 667 平方米随浇水施尿素 20 千克，浇水量为垄高的 1/3，因这时外界气温很低，室内通风量小，浇水不宜过勤。浇过水后及时密封垄头边的薄膜，以降低室内的空气湿度。此期的浇水原则一般是每半个月浇 1 次水。进入结果盛期，温室外温度升高，通风量逐步加大，植株和瓜条的生长变快，所以浇水次数变勤，一般每隔 7 天浇 1 次。浇水量为垄高的 2/3，且每隔 1 水施 1 次肥，每次每 667 平方米施尿素20～30 千克。此外，还可根外追施 0.1％的尿素溶液，也可喷 0.2％磷酸二氢钾溶液。正常生长的植株其节间长度不应超过 3 厘米，否则即被认为是肥水过大，应给予控制。

（3）吊蔓　定植后 10～15 天，当西葫芦具有 7～10 片叶时，用透明塑料织绳吊架，将塑料织绳拴在西葫芦茎蔓基部，上端拴在专为吊蔓扯拉的铁丝或日光温室的棚架上。生长中不断地将吊绳与茎蔓缠绕起来;也可以用绳状物将吊绳与茎蔓分段绑在一起。随着植株的生长,一般在瓜下部留功能叶 6～7 片,摘掉失去功能的老化叶片,叶柄留 2～3 厘米。茎基部发生侧枝时要及时摘掉。

(4)防止落花落果　西葫芦为异花同株作物,依靠昆虫传粉和人工授粉。花粉生活力时间较短,在花开前一天已具备受精能力。雄蕊花药在早晨 5 时左右散出,花粉粒萌发力逐渐减退,因此采用人工授粉的方法是日光温室栽培西葫芦的关键技术措施。人工授粉应在开花当天上午 6～7 时为好,8 时后受精率明显下降,导致落花落果。授粉的方法是:摘下雄花,去掉花瓣,把雄蕊放在雌蕊柱头上轻轻的抹一抹,使花粉粒粘在柱头上。1 朵雄花花粉可供 3～4朵雌花授粉。也可用药剂处理,防止落花落果,冬季用 2,4-D 35～40 毫克/千克液蘸雌花,春、秋用 2,4-D 20～30 毫克/千克液蘸雌花。为了防止重复处理,可在配好的溶液中加入红颜色,用毛笔蘸溶液涂抹在刚开放的雌花花柄上并轻轻点一下雌蕊;或用 30～40 毫克/千克防落素液蘸花。蘸花的时间为上午 8～9 时。实践证明:既采用人工授粉,又用激素处理,防止落花落果的效果最好。

5. 出现的问题及防止方法

第一,西葫芦前期一般雄花很少,日光温室西葫芦栽培前期基本没有昆虫传粉,这就需要及时进行人工授粉或激素处理,否则西葫芦不能坐住,即使坐住了也不能很好地膨大,出现前端尖顶化瓜的现象。

第二,对于坐果性非常好的早熟西葫芦品种,春季栽培时需要进行疏花疏果。因早春温度偏低,营养生长相对较弱,如留瓜过多就可能坠秧,导致植株不能充分发育,使所有的瓜均长不大。如果在秋季种植,则无须去雌花。

第三,温室内生长前期容易出现以细菌性病害为主的多种病害,宜用农用链霉素与代森锰锌混合液进行防治,中后期应注意防治白粉病。

(三)越夏茬

早春蔬菜基本收获完毕后，夏秋季节利用日光温室纱网覆盖栽培西葫芦，不仅避免了杀虫剂污染，减少农药残留量，而且能增加产量，改善品质。

1. 品种选择　夏秋季节由于气温高、光照强、雨水少，特别适合蚜虫的繁殖和迁飞，因此应选择耐高温、抗病毒病、外形美观、生长发育快的短蔓型品种。

2. 播前准备

(1)翻地起垄　前茬收获完毕后，及时清除枯枝落叶及杂草，而后用小型旋耕机深翻2遍。翻后最好晾晒7天左右再耙平土地。起垄前每667平方米施优质腐熟厩肥4000～5000千克、磷酸二铵20～30千克，其中2/3作撒施，撒施后再浅翻一遍，其余1/3在起垄时条施于垄下。垄间距为1.2～1.4米，垄高为20～30厘米，做成龟背形，然后覆盖90厘米宽的地膜，将膜贴紧垄背铺平，既可保墒又可防止杂草生长。有滴灌条件的可提前将滴灌带铺于膜下。

(2)铺设纱网　撤掉温室前裙膜，选用25～40目的白色或银灰色纱网代替裙膜覆盖于温室棚架上，在棚膜上面再覆盖一层黑色遮阳网，四周用砖块或土袋压实封严，最后用压膜线拉紧固定。

(3)种子催芽　将西葫芦种子装入纱网袋中，放入3倍于种子体积的55℃～60℃温水中不停地搅拌，直至水温降至30℃后继续浸泡6～8小时，捞出后放入0.5%高锰酸钾液浸泡30分钟，最后捞出洗净用透气的湿毛巾包好放入30℃左右的催芽箱中催芽，每天淘洗一遍，一般2～3天后约有70%的种子露白即可播种。

3. 点种及出苗后的管理

(1)点种　点种前先浇透水,待墒情合适时即可点种,一般多在7月下旬至8月初点种。每垄点双行,按三角形点种,隔埯点双粒。待第一片真叶展平时定苗,每667平方米保苗2300株左右。

(2)诱雌　为提早结果,增加产量,一般需进行两次"诱雌"(诱导雌花形成)。第一次在2叶1心时喷施100毫克/千克乙烯利溶液,第二次在3叶1心时喷施150毫克/千克乙烯利溶液。

(3)撤网及扣棚　至8月中旬,要及时撤去遮阳网,以防止徒长,只留防虫网。秋季气温渐低,夜温不稳定,一般在8月底至9月初撤去防虫网,扣棚膜保温防寒。此时夜温在12℃左右,而白天温度较高,应注意通风调节温室内气温。

4. 采收前后的田间管理

(1)采收前管理　幼苗出土后,生长迅速,苗期管理重点是以控为主,降低气温和地温,减弱光强,不浇水或少浇水,雌花现蕾后个别品种需及时打杈,保持主蔓结瓜。

(2)采收期管理

①温度　扣膜后棚温升温迅速,应及时通风,避免出现高温伤害,白天保持25℃～28℃,夜间保持15℃～16℃;结果中后期白天保持24℃～25℃,夜间保持12℃～15℃,通过覆盖草苫或棉被达到提高夜温的目的。

②肥水　通常以追肥结合叶面喷施效果较好。幼瓜坐稳后,随水追施尿素3～4次,每次每667平方米施5千克左右,同时叶面喷施0.3%磷酸二氢钾溶液,共喷2～3次。浇水时随水冲施腐熟人粪尿,效果更好,膨瓜快,瓜秧壮。到结瓜后期,外界气温低,通风减少,温室内湿度增高,浇水间隔期延长,一次浇足水,同时沟内铺3～5厘米厚的麦秸或茅草,以利于土壤保湿,减少蒸发,降低空气湿度。

③授粉及吊蔓　当雌花开放时,由于没有昆虫传粉,于开花当

日清晨采摘刚开放的雄花去掉花瓣，将花粉轻轻涂抹于雌花柱头上，或用毛笔蘸取 30 毫升/千克 2,4-D 液涂抹于瓜柄。授粉后7～10天即可采摘嫩果，此时西葫芦叶面积及株幅都较大，而且栽培密度高，叶片相互遮荫，采用吊蔓栽培的方式，既能提高光合效率，果实色泽又好，果皮光亮，商品性高。在生长中后期，打去下部老叶、病叶，保持主蔓结瓜。

(3)采收　当果实长至 150 克左右时即可采收嫩果，根瓜宜早收。

5. 病虫害防治　越夏西葫芦病虫害主要有蚜虫、病毒病、白粉病，中后期灰霉病较严重。防治蚜虫用 10%吡虫啉可湿性粉剂 2000 倍液喷雾。防治病毒病在选用抗病品种的同时须进行种子消毒，在栽培中注意预防蚜虫和加强管理。防治白粉病可用 15%三唑酮可湿性粉剂 1000～1500 倍液喷雾；防治灰霉病用 50%腐霉利可湿性粉剂 1500 倍液喷雾。

(四)秋冬茬

日光温室秋冬茬西葫芦生产由于气候条件特点和其他茬口的衔接，生育期比较短。为了争取时间，在栽培技术措施上，始终应注意创造有利的环境条件，促进植株健壮生长，以延长结果期，保证产品在元旦、春节能上市。在整个生长过程中要掌握“重促、忌控”的原则，并注意防止病毒病的危害。

1. 品种选择　根据天气气温情况和多年来寿光菜农的生产实践经验，播种时间以确定在 8 月上中旬为好。如播种过早，病毒病发生和蔓延严重；过晚，上市时间同越冬茬一致，影响效益。品种宜选用抗病、高产的品种，如早青一代、法国纤手等。

2. 播种育苗

(1)确定适宜的播种时间　培育西葫芦壮苗是丰产的关键，而秋冬茬西葫芦育苗时正是高温季节，若保护措施跟不上就有可能培育出病苗、弱苗。避免秧苗发病的主要措施是降温、防雨。以寿光市为例，若不采取任何降温、防雨措施，秋冬茬日光温室西葫芦的播期应设在 8 月 20 日以后；如使用遮阳网，其播期可提早至 8 月 5 日；如遮阳网和旧塑料薄膜同时使用，其播期可提早至 7 月 25 日左右。

(2)育苗应掌握的要点　采用遮阳网和旧薄膜进行遮荫防雨育苗。可选地势高燥、土质肥沃、能排能灌的地块，做成宽 1.5 米、高 15 厘米的苗床，苗床上支拱架，上盖旧塑料膜防雨。盖膜时苗床拱架两侧留 30 厘米左右的通风口通风。这一层旧塑料膜一般四周不密封，它主要是用于防雨。为了进一步降低温度，小拱棚上面再设一层遮阳网，这一层遮阳网既能降温，也能防雨淋苗，是夏季多雨季节育苗覆盖的理想材料。要加强对蚜虫、白粉虱的防治，第一片真叶展开要连喷 2 次 83-1 增抗剂 100 倍液预防病毒病；若天气干旱，可于中午前后和下午用喷雾器向遮阳网喷水，增加苗床湿度，降低夜间温度，也有利于减轻发病。

3. 定植前的准备　西葫芦定植前 5～10 天，用防雾滴、防老化薄膜覆盖温室，老龄温室还应在定植前 2～3 天用硫磺、敌敌畏等进行熏烟消毒处理。温室整地前铺施基肥，每 667 平方米撒施充分腐熟的有机肥 5000 千克、过磷酸钙 50 千克、尿素 20 千克、硫酸钾 15～30 千克，深翻 20～30 厘米，耙细搂平后按大行距80～90 厘米、小行距 60～70 厘米做畦起垄后覆盖地膜。采用沟畦栽培，畦宽 130～140 厘米，双行定植。

4. 定植　因苗期温度较高，故适宜苗龄为 25 天。秋冬茬西葫芦定植期为 9 月上中旬。最好选阴雨天定植，如晴天定植最好在下午进行。定植前两天在苗床内喷洒 75%百菌清可湿性粉剂 800 倍液进行消毒。定植时，按 40～50 厘米的株距开穴，放入苗坨，先用少量土稳住苗坨后按穴浇水，水渗下后覆土，并用土将周围的地膜压严，然后顺沟浇大水。为增加前期产量，提高经济效益，种植密度可稍大于越冬茬，每平方米栽2500株左右。

5. 定植后的管理

（1）温度管理　定植后为促使早生根、早缓苗，要保持较高温度。白天保持25℃～30℃，夜间保持18℃～20℃，晴天中午温室内温度超过30℃，可适当通顶风。缓苗后适当降温，白天保持20℃～25℃，夜间保持12℃～15℃，以促进根系发育，防止徒长，有利于雌花分化和早坐瓜。坐瓜后，白天温度提高至22℃～26℃，夜间15℃～18℃，最低不低于10℃，加大昼夜温差，有利于营养积累和瓜的膨大。温度的管理主要通过揭盖草苫和通风来控制。深冬季节，白天要充分利用阳光增温，夜间增加覆盖保温，在覆盖草苫后可再盖一层塑料薄膜。

（2）肥水管理　由于西葫芦对水分较为敏感，开花坐瓜前浇水极易引起徒长。因此在根瓜坐住前，一般不浇水、不追肥，以促根、控秧，增加雌花数，提高坐瓜率。根瓜坐住以后，开始浇水追肥，每667平方米追施磷酸二铵15～20千克，一般15天浇1次水。每浇两次水可追肥1次，每667平方米随水冲施氮、磷、钾复合肥10～15千克。浇水时注意天气变化，阴天及寒流到来之前不浇水，要选晴天上午浇水，浇水后在温室内温度上升至28℃时，开通风口排湿。

（3）植株调整

①控制徒长　需要特别注意的是：西葫芦定植后，根瓜未坐稳前，如遇天气晴好，加上肥水充足，很容易出现徒长。一旦徒长，叶片肥大，节间拉长，互相遮荫，化瓜严重，坐瓜困难，严重降低产量。如果发现徒长，可用多效唑进行控制，冬季西葫芦多效唑施用的浓度为2克药液对水15升，配制溶液前先往喷雾器中加水5升，然后再加药，混合均匀后加水至15升，可全温室均匀用药，也可旺长部分多用，不旺长部分少用或不用。需要注意的是：不管使用哪一种激素控制徒长，一般情况下只能用一次，不可连续使用。

②去老叶　如前期施用了矮化激素，植株叶片已变小，叶柄已变粗，春节前就没有必要去老叶。如前期没有用矮化激素，叶片大，叶柄长，严重影响坐瓜时，就要适当去掉一部分老叶。

③吊秧　一是铁丝架设要高，要求离开棚膜30厘米。二是所用吊绳必须选择抗老化的聚乙烯高密度塑料线，保证全生育期不老化。三是通过吊绳可调节瓜秧的生长势，当出现植株徒长、坐瓜困难时，应将生长点向下弯曲，当瓜秧偏弱时，可将生长点夹在吊绳缝中让其直立生长。四是在吊绳的下端用一活扣固定在植株上或用死扣系在叶柄上，上端用活扣系在铁丝上并应留出多余的部分，以便后期落秧时随秧一起下落。五是通过铁丝及吊绳的摆动，调节植株的空间，做到合理布局，充分见光，争取最高产量。

④生殖与营养　瓜秧特别旺时，可同时单株留瓜3～4条，并适当推迟采收；如瓜秧生长偏弱时，可留单瓜生长，并及时采收。遇花打顶时，应及早将顶端幼瓜去掉，以利于恢复植株生长势。如植株生长过旺，影响幼瓜生长，可用多效唑2克对15升水喷生长点。

(4)人工授粉　冬天气温低，加之日光温室同外界隔绝，传粉昆虫少，西葫芦无单性结实习性，常因授粉不良而造成落花或化瓜。因此，必须进行人工授粉或用防落素等激素处理才能保证坐瓜。其具体方法同冬春茬栽培。为防止灰霉病发生，可在激素中加入0.1%的50%异菌脲或50%腐霉利。

6.病虫害防治　秋冬茬西葫芦前期易发生病毒病，中后期易染灰霉病、白粉病、绵腐病、菌核病。在病毒病发病初期，可喷20%吗胍·乙酸铜可湿性粉剂600倍液或2%宁南霉素水剂250倍液2～3次；如有蔓延趋势，用0.5%菇类蛋白多糖水剂250～300倍液喷3～4次。白粉病发生后，用三唑酮、硫磺悬浮剂、农抗120喷雾均有较好效果。出现灰霉病，初期用10%异菌脲烟剂或45%百菌清烟剂夜间熏棚，晴天也可用腐霉利或异菌脲喷雾防治。

温室内出现病害后，在加强药剂防治的同时，要注意控制浇水，晴天要加大通风量排出湿气。

7. 采收　当西葫芦开花后10～12天、瓜重达250～300克时采收。采收时应注意以下几点：生生长势旺的植株适当多留瓜、留大瓜，徒长的植株适当晚采瓜；长势弱的植株应少留瓜、早采瓜。采摘时要注意不要损伤主蔓，瓜柄尽量留在主蔓上。

三、大跨度半地下日光温室番茄高产栽培技术

（一）秋冬茬

日光温室秋冬茬番茄多在7月末至8月中下旬播种，8～9月份定植，9～10份开始上市，经过保温、覆盖等措施，延至元旦前后拉秧。该茬口生育前期高温多雨，病毒病等病害较重，生育后期温度逐渐下降，又需要防寒保温，防止冻害。

1. 品种选择　日光温室秋冬茬番茄栽培对品种的要求是：①中熟，植株中等偏小，适合密植，增加种植密度。②品质优良，果形整齐、耐贮运。果形、硬度、口味、果实大小和颜色要符合市场的要求。③植株生长势强，坐果能力强，产量高。④植株生长稳定。要求所用品种在高温、潮湿以及弱光条件下，不发生徒长。⑤既耐苗期高温，又耐结果期低温、弱光照和高湿。日光温室秋冬茬番茄果实生长、成熟期正值11月中下旬至12月外界气温低、日照最短的时期。温室内温度低，空气湿度较大，光照不足，加之日光温室需要保温，很少通风，密封程度较高，使温室内空气湿度大的问题更为突出。要求品种在低温、弱光照和湿度大的条件下能保持较强的坐果能力，不形成畸形果，果形端正，着色好，也不发生早衰。⑥抗病能力强。日光温室番茄秋冬茬栽培前期温度高，易感病毒病；中后期温室内湿度大，易发生灰霉病、叶霉病等病害。因此，病

害对番茄的生长危害严重，成为日光温室秋冬茬番茄栽培上的重要问题。要求品种高抗番茄病毒病、叶霉病、灰霉病等易发生的病害。

2. 育 苗

（1）播期选择　日光温室秋冬茬番茄播期的确定，应以经济效益和社会效益高度统一为前提，以深秋及初冬淡季供应市场为主攻目标，衔接日光温室早春茬和越夏茬番茄。根据当地市场需要或销往外地市场的特点，避开越夏茬番茄产量高峰，于7月上中旬至8月上中旬播种。寿光市以7月中下旬为宜。

（2）育苗应掌握的要点　培育适龄无病毒病的壮苗是秋冬茬番茄栽培成功的关键。高温、强光、多雨、虫害、干旱及伤根等是诱发病毒病发生和蔓延的重要原因。因此，在苗期管理上，要做到“六防”，即防强光，防暴雨，防高温，防干旱，防伤根，防蚜虫。具体应掌握以下5点：①晴天中午前后要用遮阳网对苗床进行遮荫，避免强光照射苗床。②雨天要用塑料薄膜对苗床进行遮雨，不要让雨水冲刷苗床。③要用防虫网密封苗床，防止蚜虫、白粉虱等病毒媒介进入育苗床。④要用育苗钵护根育苗，充分保护根系。⑤要定期喷药预防病害。一般从出苗开始，每周喷一次药，交替喷洒70%多菌灵可湿性粉剂800倍液、64%噁霜·锰锌可湿性粉剂800倍液、25%甲霜灵可湿性粉剂600倍液和20%吗胍·乙酸铜可湿性粉剂600倍液等。

3. 定 植

（1）定植前的准备　①施基肥。每平方米20千克施腐熟农家肥，翻20厘米深，耙平畦面。②起垄。秋冬茬番茄采用大小行栽培，起80厘米宽的定植垄，垄距60厘米（走沟），垄上小行距65厘米，株距45厘米，并按这样的株行距挖定植穴。每667平方米定植3000～3500株为宜。有条件的应铺设滴灌管，采用暗沟灌水，即在垄上挖宽20厘米、深15～20厘米的小沟，再将地膜覆盖沟面，尽量避免走沟明水漫灌。

(2)定植　番茄苗期为25～30天，一般在2叶1心时定植。浇好定植水，随着秧苗的定植进行浇灌，水量要足，要浇透温室土壤。因为该茬种植前温室土壤经过翻耕、施肥后透气良好，再加上苗子根系少且多聚集在5厘米的耕作层内，所以浇水量的大小一般不会造成根系窒息缺氧而沤根。但由于秋茬番茄的定植时间多在8月下旬至9月上旬，此时外界气温较高，建议大水浇灌，因为大水可以加速秧苗根系与温室土壤的结合，可以降低过高的地温，更有利于缓苗。

4. 定植后的管理

(1)温度管理　秋冬茬番茄定植后，生长前期外界温度高，昼夜温差小，日光温室前裙膜揭开，后部打开通风口昼夜通风，要注意防止高温障碍。当外界温度降至12℃左右时，把卷起的前裙膜放下，关闭后部通风口，白天通风，夜间关闭。要根据天气情况掌握通风量的大小和通风时间，白天温度控制在不超过30℃，夜间温度不低于15℃。10月下旬以后，当外界最低温度降至8℃以下时，要加盖草苫加强保温。

(2)肥水管理　定植时应浇透水，定植后5天左右再浇一次水促使缓苗。宜于早上4～5时浇灌最为适宜，因为这时水温与地温的差距最小，不会造成伤根。若在8～9时或下午浇灌时，常因地温高而水温低造成伤根。同时，该水水量不宜过大，一般以水流到种植行的前端即可。若该水过大，容易造成田间积水，使刚刚生长的新根缺氧窒息而受伤。生产中，很多温室的秋冬番茄因为该水过大或浇的次数过多，易导致田间积水而造成沤根；或因地表水充足致使根系多聚集于地表层，不利于根系深扎，而再次浇水施肥后又容易造成根系受伤。番茄虽喜湿，但更耐旱，因此一定要纠正“多浇水，缓苗快，棵子生长势旺”的错误观念，避免浇水过大和浇水次数过多，促进根系下扎。浇水过后，要及时中耕划锄，以保证土壤墒情和增强土壤的透气性，使之更利于根系深扎，利于形成壮棵。同时，注意浇促棵水。浇水应视土壤的干湿状况，在缓苗水后的第十至第十五天浇灌为宜，该次浇水的时间与水量与缓苗水一样即可。该次浇水目的是为了促棵，因为此时根系发达且已深扎，植株也即将进入开花期，浇水促棵是为了提高番茄的坐果能力。

追肥应施用速效性全元素肥料，当第一穗果长至核桃大小时，在离根 10 厘米处每 667 平方米施尿素 15 千克或磷酸二铵 15 千克。第一穗果采收后应及时追肥，以促进后期果实的生长。以后看植株生长情况适时追肥。干旱时可浇小水。

(3)植株调整　定植缓苗后即吊架引蔓。常采用单干整枝，留 5～6 穗果摘心。其余侧芽全部去掉。并及时摘除底部老叶、病叶，以利于改善植株间的通风透光条件。

①吊架　吊架通常有 2 种方式：一是定植后番茄生出 1～2 片新叶时开始吊蔓。日光温室内设有专供吊架用的东西向拉紧钢丝(24 号或 26 号钢丝)3 道，在东西向拉紧吊架钢丝上，按温室上南北向番茄行的行距，设置上顺行吊架铁丝(一般用 14 号铁丝)；在顺行吊架铁丝上，按本行中的株距挂上垂至近地面的尼龙绳作吊绳。吊绳的下端系在番茄基部或在距离生长点 20～30 厘米处的秧蔓上。吊蔓时绳两端都打成活扣，以便随着植株生长调节绳的松紧。人工引蔓上吊架时，将番茄蔓生长点放松绕在吊蔓绳上即可。吊架的主要好处是：可通过移动套拴于东西向拉紧吊架钢丝上的吊架铁丝相邻之间的距离，以调节吊架茎蔓的行距大小；也可通过移动吊架铁丝上的吊绳相邻之间距离，以调节吊蔓株距大小，这样可使茎叶分布均匀，充分利用空间和改善行、株间的透光条件。二是在设好常规吊绳钢丝的基础上，再在种植行南北两头距地面 25 厘米处顺种植行扯一根钢丝，该钢丝用于固定吊绳下端。用时，把上面钢丝上的吊绳向下扯紧拴在下面的钢丝上，然后把番茄茎蔓直接盘绕在吊绳上，无须再在茎蔓上系扣。

②吊蔓　吊蔓的方法之一是:吊绳的下端拴在番茄植株上。随着茎秆变粗,坐果增多,吊绳往往会"勒"进番茄茎秆内,影响养分及水分的正常运输,甚至勒断茎蔓,得不偿失。吊蔓的方法之二是:在每个种植行拉一根钢丝,把吊绳下端系在钢丝上,不仅可以避免"勒伤"茎秆,而且落蔓时操作起来非常方便,减少了劳动力。

③吊绳的选用　番茄吊蔓所用吊绳主要有细尼龙绳和宽塑料绳两种。有的菜农习惯使用普通的细尼龙绳。但是,番茄一般留5～6穗果,每穗果一般重达0.75千克左右,一棵番茄连棵重量可达7.5千克左右,仅仅用一根细吊绳是不够的。一般一棵植株也就用吊绳绕棵盘3～4圈,所以常会使吊绳勒到表皮里边,影响营养物质在植株体内的运输及产量的提高,因此需配合架杆的使用。可在番茄植株40～50厘米高时将植株绑缚在1.2～1.5米高的架杆上,这样可使架杆承受番茄大部分的重量,吊绳承重较小,不会发生吊绳勒到植株表皮里面的现象,有利于番茄产量的提高。如果选用4～5毫米宽的塑料吊绳,吊绳与番茄植株接触面积大,吊绳不会勒到植株表皮里面,就无须使用架杆。

(4)保花保果　用30～40毫克/千克的番茄灵溶液在番茄花半开时进行蘸花,不仅可防止落花落果,还可促进番茄提早成熟,保证每株可坐果13～15个。要及时摘除多余的花、果,以保证营养的集中供给。

5. 病虫害防治　日光温室秋冬茬番茄前期病毒病较重,后期叶霉病、早疫病、晚疫病等病害较重,害虫有蚜虫、白粉虱和美洲斑潜蝇等,需要加强防治。可用20%吗胍·乙酸铜可湿性粉剂600倍液防治病毒病。用2%武夷菌素水剂150倍液或75%百菌清可湿性粉剂600倍液防治叶霉病,用70%代森锰锌可湿性粉剂600倍液或50%异菌脲可湿性粉剂800～1000倍液防治早疫病,用72%霜脲·锰锌可湿性粉剂800倍液防治晚疫病。白粉虱和蚜虫在虫株率达到0.5%时用10%吡虫啉可湿性粉剂2000倍液喷药防治。在发现美洲斑潜蝇为害后立即喷洒 1.8%阿维菌素乳油 4 000 倍液防治。

6. 采收和贮藏 日光温室秋冬茬番茄果实转色以后要陆续采收上市。当温室内温度下降至 2℃时要全部采收进行贮藏。一般用简易贮藏法,贮藏在经过消毒的室内或日光温室内。贮藏温度保持在 10℃~12℃,空气相对湿度保持在 70%~80%,每隔 7 天倒动 1 次,并挑选红熟果陆续上市。秋番茄一般不进行乙烯利人工催熟,以延长贮藏时间和延长供应期。

(二)越冬茬

利用日光温室在秋季育番茄苗,初冬定植于日光温室,将开花结果期安排在春节前后的季节里,这种方式是难度最大、效益最好的一种栽培方式。该茬番茄结果时间一般从当年的 11 月底至翌年 3 月份,结瓜时间长,上市期正值冬季缺菜时期,价格高,经济效益可观。

1. 品种选择 日光温室越冬茬番茄栽培对品种的要求是:①中晚熟,植株生长势强,结果期长,产量高。②果形、硬度、果实大小和颜色要符合市场的要求。③植株生长稳定。要求所用品种在高温、潮湿以及弱光条件下不发生徒长,以确保植株及时坐果。④较耐低温和弱光照。要求品种在低温和弱光照条件下能保持较强的坐果能力,不形成畸形果,果形端正,着色好,也不发生早衰。⑤抗病能力强。要求品种高抗病毒病、晚疫病等易发生的病害。主要选择中熟和中早熟、生长势强、易发枝、无限生长、坐果率高的品种。如粉佳美、宝丽等品种根系发达,剪掉老化的结果枝,新发出的侧枝生长快,能在较短时间内进入花芽分化期,有利于提前上市,获得较好的经济效益。

2. 育 苗

(1)播期选择 根据气候变化特征,寿光市一般在 9 月下旬至

10月中上旬播种。

(2)育苗应掌握的要点　育苗期处在9月～10月份,育苗环境比较适宜。但晴天中午时常出现高温,同时这一时期非常适宜病毒病、白粉虱、伏蚜和茶黄螨等病虫害的发生。因此育苗的关键要避免晴天中午强光照射苗床,要杜绝白粉虱、蚜虫等病毒传播媒介进入育苗床内。具体应掌握以下5点:①晴天中午前后要用遮阳网对苗床进行遮荫,避免强光照射苗床。②要用防虫网密封苗床,防止白粉虱、蚜虫等进入育苗床内。③采取嫁接育苗,减轻根结线虫病的发生,以便进行再生栽培。④采用穴盘育苗技术进行护根育苗,充分保护根系。⑤要定期喷药预防病害。一般从出苗开始,每周喷一次药,交替喷洒70%多菌灵800倍液、64%噁霜·锰锌800倍液、25%甲霜灵600倍液以及吗胍·乙酸铜400倍液等。

3. 定植　番茄越冬栽培植株生长期长,消耗土壤养分多,必须施足基肥。每667平方米施腐熟农家肥10000千克、磷酸二铵100千克,尿素、硫酸钾适量。实行高垄栽培,垄高20厘米,垄面宽80厘米,垄面中央开暗沟。选择株高为25厘米、有7～8片真叶的健壮苗定植,每667平方米栽1800株。定植完毕立即浇缓苗水,待苗缓活后覆盖地膜,地膜仅盖在垄帮处,不必盖严垄间沟。此时为8月初,温室内地温气温都很高,需要土壤散失大量热量以降低地温和减少水分蒸发,增大温室内湿度。待温室外温度降低、温室内温度适宜番茄生长时,再用地膜盖严垄间沟,以免温室内湿度过大,引起病害发生。

4. 定植后的管理

(1)环境调控　加强保温、增温措施。温度是保证番茄上色良好的重要因素。根据番茄的生物学特性,温度保持在18℃～26℃时果实着色最佳;高于32℃时,茄红素形成受阻而影响着色;低于12℃时,则不能正常着色。因此,在深冬期日光温室番茄一定要加强保温措施，最好白天将温室内的温度控制在25℃～30℃，夜间温度控制在14℃～15℃，温差控制在12℃～15℃，以免番茄因温度不适造成着色不良。

要注意为温室内补足光照。深冬期应尽量早揭晚盖草苫，以延长番茄的见光时间。阴雪天气雪停后，在保证温室内温度不降低的前提下，应揭开草苫，使番茄多见光。为保证番茄充足的光照，平时可在温室后墙处设反光幕增光。另外，要及时擦拭棚膜上的灰尘，以增加温室内的透光度。当番茄果实将近成熟时，可摘除周围和下部叶片，其中病叶也要及时摘除，以增加果重，促使果实正常着色。

(2)吊蔓整枝　定植后，番茄生出1～2片新叶时开始吊蔓，吊蔓绳一端系在番茄基部，另一端系在南北走向的一道粗铁丝上，吊蔓时绳两端都打成活扣，以便随着植株生长调节绳的松紧。在番茄进入初花期后进行整枝，由于番茄第一次坐果，果实生长时室内白天温度为15℃～30℃，夜温为10℃～18℃，光照充足，有利于番茄果实生长。可采取双干整枝，即把主茎和一个长势旺的侧枝作为两主干，摘掉其上所有的侧枝，而后分别进行吊蔓。以后每周进行一次整枝，摘掉番茄基部新发出的侧枝及每个主干叶腋处新长出的侧枝。番茄进入第一次采收后期即天气开始转暖时，整枝时从番茄基部新发出的侧枝中选2个生长势旺的培育为新主干，主干上的侧枝仍然一律去掉。果实采摘完后，在距新培育的侧枝上面20厘米处剪掉主干，并对培育的侧枝进行吊蔓整枝，使番茄进入第二次结果期，以后整枝同第一次坐果的整枝方法。

(3)合理蘸花　番茄前后两次开花坐果时光照充足，花朵大多形成长、中花柱花，坐果率高。但为了每穗果大小均匀，采收期相近，仍需人工处理番茄花。其具体的方法是：待每个花序有5～7朵小花开放时，疏掉花序上未开放的花，然后将整个花序放入10～20毫克/千克2,4-D药液轻蘸一下，取出花序后以没有药液下滴为佳，每穗花序只蘸花一次。当果实直径为3～4厘米时，可根据番茄品种进行疏果，中型果每穗留4～5个果，大型果每穗留2～3个果即可。

(4)抢时摘心 番茄第一次坐果时，当第五穗果如核桃大小时摘心。在第五穗果上面留2～3片真叶，而后去掉主干的生长点。第五穗果摘心的目的在于促进第一、第二穗果转色成熟，促使第四、第五穗果迅速膨大，缩短果实采收期，提前采收。番茄第二次坐果时，第四穗果坐住后进行摘心，以免坐果太多导致果实生长后期有机肥匮乏使果实品质下降。

(5)及时疏叶 番茄第一次坐果时，在第一穗果进入绿熟期时去掉第一穗果下面所有的叶片，并且将主干上的叶片疏掉一部分，以改善植株间透光性，增强光照，促进果实成熟。以后每采摘一穗果，则去掉相邻的一穗果下面的所有叶片。该法还可有效地预防早、晚疫病和灰霉病。番茄第二次坐果进入采收期时仅采收果实，不疏叶。

(6)合理施肥 番茄耗地力较大，除了定植时施足有机肥和浇水时追施氮、磷、钾肥外，还应在番茄生长期补施有机肥。番茄第一次坐果，果实收尾期追施一次农家肥，每667平方米施2000千克，并掺入磷酸二铵50千克。第二次坐果，第三穗果坐住后再补追一次农家肥，以提高果实品质；也可叶面喷施一些微肥，如硼镁肥、硫酸锌、氯化钙等，以协调植株养分供应和增强植株抗病力。

5. 剪枝再生 在越冬茬结果期，在主茎上选留健壮侧枝，使其再次开花结果，以延长生长期，增加产量。根据剪枝的部位不同，可分为中上部留取新枝和底部促发新枝两种模式。

(1)中上部留取新枝 在番茄结果盛期，上部还有2～3穗果未采收时，在主茎中上部、2～3穗果下面选留2个新生侧枝，促其生长。番茄采收结束后及时整枝，剪掉老叶及所留侧枝之上的主枝，代替老枝继续向上生长，同时将过高的植株适当压低。随后加强肥水管理,促使新枝开花结果。留下的每个新枝可留 2～3 穗番茄,每穗留 4～5 个果。这种剪枝更新方式最大的优点是可使番茄提早上市,能填补换茬番茄之间的市场空白,大大提高种植效益。

(2)底部促发新枝　在冬茬番茄采收盛期后,仅剩 1～2 穗果时,将主枝压弯压低促发底部新枝发育并选出两条重点培养,并将其上部老叶、侧枝及时剪除,提高田间通风透光条件,以利于新枝生长。果实采收完毕后,立即剪掉上部主枝,清理出去。因为有地下强大的根系支持,新枝将很快长大结果。这种剪枝更新方式虽然比中上部留枝结果晚,但却比重新育苗换茬番茄提前 20 天上市,而且下部新枝果实品质好,生长空间大,每枝可留 3 穗果,可大大提高番茄的产量。

第一次结果中后期正是第二次结果前期,因此管理上不能放松,病害防治要及时,肥水要跟上,这是保证两次结果成功的关键。一般每隔 10 天交替喷洒 1 次百菌清、氧化亚铜、苯醚甲环唑水分散粒剂等预防病害发生。每 667 平方米开沟追施三元复合肥 25～30 千克,施肥时适量切断一部分老根,促进新根萌发。15 天后,再随水追施 1 次硝酸钾,每 667 平方米施 10 千克,以促进新枝生长和果实发育。

(三)早春茬

日光温室番茄早春茬生产是在冬季播种育苗、进行早春生产的茬口安排,其技术难度比越冬茬生产小,风险性较小,产量和经济效益较高,是目前日光温室番茄生产普遍采用的栽培形式。此茬一般从 3 月份开始上市,产量高峰期集中在 4～5 月份,若不急于赶茬,可延续到 8～9 月份结束。

1. 品种选择　日光温室早春茬番茄栽培对品种的要求是:①最好选择有限生长型品种,早熟,植株中等偏小,适合密植,增加种植密度。②果实硬度大,颜色好,果型周正。③植株长势强,生长旺壮，坐果能力强，产量高。④较耐低温和弱光照。要求品种在低温和弱光照条件下，能保持较强的坐果能力，不形成畸形果，不裂果，果形端正，着色好。⑤抗病能力强。要求品种高抗番茄晚疫病、早疫病、叶霉病、病毒病等易发生的病害。

2. 培育适龄壮苗

(1)播期选择 适宜的播种期应根据当地气候条件、定植期和壮苗标准确定。适龄壮苗要求定植时具有6～8片叶，第一花序已现蕾，茎粗壮，叶色深绿、肥厚，根系发达，苗龄60～70天。寿光市播种期一般在12月中下旬至翌年1月上旬。

(2)育苗应掌握的要点 培育适龄壮苗是番茄早熟、丰产的重要基础。育苗期的长短主要决定于苗期的温度。番茄的适宜育苗温度是20℃。具体应掌握以下4点：①培育无毒苗。用10%磷酸三钠溶液浸泡15～20分钟，然后清洗3～4次，清除种子表面的病毒，预防病毒病的发生。②要求培育适龄大苗栽培。培育适龄大苗栽培的主要目的是争取定植后早开花结果，早上市供应。适宜的番茄苗大小为有第一花序但未开放，具体苗叶数量可因品种而异。③护根育苗。护根育苗的主要目的是保护番茄苗根系，防止苗定植时伤根严重，推迟发棵和结果。④定期喷药预防病害。一般从出苗开始每周喷一次药，交替喷洒70%多菌灵800倍液、64%噁霜·锰锌800倍液、25%甲霜灵600倍液以及0.5%菇类蛋白多糖水剂250倍液等。

3. 定植 番茄早春茬生产除新建日光温室外，一般都有前茬蔬菜，整地前对温室要清扫干净，一般每667平方米施腐熟农家肥10吨左右、过磷酸钙50千克左右。定植时再施入磷酸二铵或饼肥100千克作基肥。一般起行距为50厘米、高为15厘米的垄，一般做底宽为1米、畦面宽为70～80厘米、畦高为15厘米，整地后覆盖地膜。高畦地膜覆盖一般在畦中间开一小沟，用于膜下暗沟灌水。定植一般要求室内10厘米地温稳定通过10℃，最低气温为 0℃以上。定植密度，一般早熟品种采用畦栽，行距为 40～50 厘米，株距为 40 厘米，每 667 平方米保苗 3000～3500 株。中熟品种采用垄栽，每垄栽一行，株距为 40～45 厘米，每 667 平方米保苗 2500 株左右。定植时水要浇足，水渗后封住地膜口。

4. 定植后的管理 日光温室番茄早春生产一般在 2 月份定植，定植后外界气温回升，光照逐渐增强，室内气温一般可保持较高水平，要注意通风管理，防止高温危害。

(1)通风与温度调节 由于番茄定植时正值寒冷的冬季，所以，首要的任务就是提高温室内的温度，增强光照，促进缓苗。这时候白天的温度应控制在 25℃～30℃，夜间温度控制在 15℃～20℃，以防止秧苗徒长。番茄在花期对温度比较敏感，特别是开花前 5 天和开花后 3 天，如温度低于 15℃高于 30℃都不利于开花、授粉和受精。结果期白天温度应控制在 25℃左右，夜间控制在 15℃左右，昼夜温差控制在 10℃左右。如温度过低会使果实生长缓慢，温度过高则影响果实着色。

(2)浇水施肥 番茄根系比较发达，吸水能力强，生长过程中需水量大，但是在浇水的时候不宜漫灌，尤其在寒冷的冬季。第一穗果坐住后，如浇水过多会引起徒长，导致落花，因此在定植以后要控制浇水，在果实长到核桃大小时开始浇水施肥，可随水冲施生物有机肥或复合肥等。以后视植株的长势和天气情况，摘一茬果实浇一次肥水。在早春季节，最好选晴天上午浇水，浇水后闭棚升温，待温度上升后开始通风，以排除温室内的湿气。

(3)植株调整 在第一穗果坐住后及时吊蔓。寿光市菜农日光温室整枝一般均采用单干整枝法，同时番茄易发生侧枝，要及时抹去，及时摘除底部叶片，改善通风条件，降低各种病害发生的概率。番茄打叶应遵循以下原则：在番茄最底部的一穗果达到绿熟期，即果实由绿变白，果实完全长大，种子已经成熟，开始变红之前，其上部的叶片不能打掉；凡是颜色深绿，没有病虫害、没有黄斑的叶片，不能打掉；最底部一穗果实下部的叶色变黄，有严重黄斑或病虫危害的老叶可以打掉；植株中下部由于病虫危害严重或其他生理性病害造成的严重变黄衰老的叶片可以打掉；最底部一穗果实下部的叶片可以打掉。打叶时，每次以2片为宜，不能过多。两次打叶的间隔时间以10天以上为宜。每次打叶应在晴天的中午12时左右进行，不能在早晨露水很大时或傍晚时打叶，以免伤口不能愈合，而在夜间湿度大时染病。打叶后，应喷施硕丰481(芸薹素5克对水45升)一次，以促进叶片光合作用的进行。

如果打叶时未按照上述原则进行，不是造成病害严重，就是会因叶片损伤太多、果实的营养积累不足而严重发生空洞果和减产，或出现大量落花落果现象。

(4)保花保果　生产中可采取下列3种方法之一进行保花保果。一是使用2,4-D保花保果。2,4-D是一种植物生长调节剂，低毒，对人、畜无害。其常用浓度是20～30毫克/千克。使用方法有3种：①喷花。把药液装在一个小喷壶内，用喷壶对准基本已开花的花序(已开放3～4朵)，用另一只手遮住番茄的枝叶，以免药液喷到枝叶上引起药害。②涂抹法。在上午8～10时用毛笔蘸药液涂到番茄的花柄或花柱上，涂抹效果良好。③浸蘸法。把基本开放的花序(已开放3～4朵)放入药液的碗中浸没花柄后立即取出，并将留在花上的多余药液用碗边刮掉，以防畸形果的产生。注意不管使用哪种处理方法，每朵花只处理一次，如重复处理会形成畸形果。二是振动授粉。在保护地内，用手持振动器(带电池)在晴天上午对已经开放的花朵进行振动，促进花粉散出，落到柱头上进行授粉。三是熊蜂授粉。熊蜂在阴天、无光照以及气温较低的条件下也可出来访花。番茄花期长，每667平方米番茄要放2箱熊蜂。在选择好蜂种后，首先检查温室内通风口处的纱网是否平整，在接口处不要有褶皱，避免熊蜂钻入致死。准备工作就绪后，接着释放蜂群。番茄开花初期，将蜂箱在傍晚时分轻轻移入温室中央或适当的位置，蜂箱高于地面20～40厘米，蜂箱门朝向东南方向，易于接收阳光，静置10分钟后，再把箱门打开。放蜂授粉期间不要施农药和强烈振动或敲击蜂箱，不要穿蓝色衣服及使用香水等化妆品，以免吸引熊蜂。

(5)*番茄转色期管理中的几个误区*

误区一：转色期要提高温度。不少菜农认为，提高温度可促进番茄快速上色，但番茄植株上的果实是从下向上逐渐成熟的，如果只为了一穗果实的成熟而提高温室内的温度，很容易造成植株徒长和落花落果。因此，番茄转色期的温度应与平常一样，没有必要提高。

误区二：把正在转色的果实周围和下部的叶片全部疏除。不少菜农觉得番茄转色期需要充足的光照，认为转色期果实的周围叶片会影响透光率而把叶片疏除。殊不知，这种做法的弊端很多：一是大量的疏除叶片虽然能增加透光率，但叶片减少了，其制造光合作用的能力也就减弱了。二是容易造成植株早衰。根靠叶养，叶片少了不仅养不好根，而且会加速植株早衰，叶果比失调后，对果实的产量影响很大。因此，在番茄的转色期一定要注意合理疏叶，只需把植株下部的黄叶、病叶和老叶疏除即可，千万别过量疏叶。

误区三：上色期要多冲施钾肥。虽然钾肥有利于果实上色，但钾肥施入土壤后发挥的作用缓慢，在果实上色期冲施钾肥起不到多大的作用。因此，钾肥应提前冲施或有计划地冲施。一般情况下，番茄定植前基肥中钾肥要施足，进入初果期时，结合浇水每667平方米再补施钾肥8千克。也可冲施含钾的复合肥，每次以20～25千克为宜。

5. 病害防治

在番茄生长前期，病害比较少，主要是防止早疫病、灰霉病等病害的发生。早疫病可用50%甲霜·锰锌600倍液或64%噁霜·锰锌500倍液进行防治;灰霉病可用40%嘧霉胺悬浮剂1000倍液或50%腐霉利1500倍液进行防治。

(四)越夏茬

1. 品种选择　越夏番茄在3～4月份播种,5～8月份采收上市,此期正值高温多雨季节,对番茄的生长极为不利,因此对品种的选择要求很严格,具体要求是:①具有无限生长习性的硬果型品种,植株生长势强,结果期长,对栽培环境具有较强的适应能力,在高温条件下,能保持较强的生长势和结果能力,不容易早衰。②耐热。高温对番茄的花芽分化影响要小,在高温条件下坐果率要高。③抗病能力强。要求品种高抗病毒病、灰霉病及多数细菌性病害。④商品果率高,干物质含量高、耐贮运、不裂果、品质好,有广阔的消费市场。

2. 育　苗

(1)*播期确定*　日光温室越夏茬番茄的播种期视前茬结束时间而定,一般在3月中旬至4月上旬。

(2)*育苗应掌握的要点*　日光温室越夏茬番茄栽培需要适龄壮苗标准,与冬春茬番茄的适龄壮苗标准略有不同,主要是苗龄期较短,从播种至定植历时35天左右,不必培育到现大蕾时再定植,而是在单株具5～7片真叶、株高为15～20厘米时即可定植。要求的壮苗标准是:节间较短,茎秆粗壮且上下一样粗(茎粗为横径0.5厘米左右),叶片掌状,小叶片较大,叶柄粗短,叶色深绿,子叶不过早变黄或脱落;幼苗大小整齐,无病虫危害。

3. 定　植

(1)*定植前保护地的准备*　定植前7～10天,每667平方米施经过充分发酵腐熟并灭菌的厩肥1万余千克、鸡粪4000～5000千克、过磷酸钙80～100千克,将肥料均匀撒于地面后,结合深翻耕地30厘米深,把肥料施入整个耕作层。耢地搂地2～3遍,把地面整平后起垄。越夏番茄的定植密度宜偏大，起垄不宜过宽。一般垄宽1.2米，其中垄背宽80厘米，垄沟宽40厘米，垄高15～20厘米。结合整地起垄每667平方米施尿素和硫酸钾各15～20千克。

保护地栽培床面起垄后，用5%菌毒清水剂150～200倍液对日光温室内墙面、立柱面、地面、棚膜面喷布一遍，然后严格封闭棚膜进行高温闷棚消毒灭菌4～5天，闷棚期间的晴天中午前后温室内气温高达60℃～70℃。闷棚后揭起温室前底脚膜和打开天窗昼夜通风降温，当温室内白天气温降至25℃～30℃时即可定植番茄。

(2)定植密度　越夏茬番茄要求采收果实盛期集中在“伏淡”期。因此，要求结果期比较集中。宜采用单干整枝，单株留4穗果，实行中架或高架栽培，故定植密度既不可过稀，又不可过密，一般采取大小行定植，小行距为50～55厘米，大行距为65～70厘米，小行间处在垄背上。株距为32～37厘米的，每667平方米定植3000～3500株。

(3)定植方法　寿光市菜农定植越夏茬番茄时，多采用“窝里放炮”施肥、先栽苗后浇水的方法，即按计划株距开窝14～15厘米深，每窝中施入经过发酵腐熟的豆饼肥100～150克，将肥土调拌均匀，而后将苗坨放入窝里，并使苗坨顶部略低于垄背面，随即稍加土栽植后浇水，待水渗下后填土封穴。定植后，向垄沟灌水洇湿垄背。

4. 安装防虫网和遮阳网　在温室上下两道通风口处安装防虫网，以阻隔蚜虫、粉虱和棉铃虫进入温室内。顶风口安装1米宽、40目的防虫网，下风口(即去掉日光温室前裙膜)安装1.5米宽、40目的防虫网。为确保番茄安全越夏，需安装遮阳率为50%～60%的遮阳网。

5. 定植后的管理

(1)缓苗期的管理　番茄苗定植后5～7天的管理重点是改善土壤透气条件和减少叶面蒸腾量，以促进番茄苗加速生根缓苗。其具体管理措施是：浇定植水后第二至第三天及时中耕松土；及时覆盖网膜，既遮荫降温、减轻叶面水分蒸腾，又避雨和防风雹。为便于通风、降温和排湿，要先上遮阳网，后上塑料薄膜。此期处于6月上中旬，日平均气温为20℃左右。在网、膜共同覆盖和昼夜加强通风的管理情况下，白天温室内的气温可保持在22℃～27℃，夜间保持14℃～17℃，适于番茄的生长发育。在浇足定植水的基础上，为促进植株根系生长，此期一般不浇水。定植后5～6天，若遇干热风天气使番茄苗干旱时，可于晴天上午轻轻地洇浇一遍水。

(2)缓苗后至植株第一花序果实膨大期的管理　此期是番茄植株由营养生长旺盛逐渐过渡到营养生长和生殖生长同时双旺、搭丰产架子的时期，也是植株对土壤水分和养分吸收愈来愈多的时期。其管理的主要措施如下：①增加肥水供应。缓苗后每667平方米追施尿素5～7千克，第一花序坐果期施尿素8～12千克，追肥后及时浇水和中耕松土、培土，追肥时不要离株基太近，应距株基15～20厘米处穴施或沟施后埋严，以防止化肥烧根。②实施化控。第一次追肥浇水后要喷洒100毫克/千克甲哌鎓(助壮素)液，即在50升清水中加入25%甲哌鎓20毫升；第二次追肥浇水后喷洒150毫克/千克甲哌鎓，即在50升清水中加入25%甲哌鎓30毫升。也可按说明书要求使用多效唑等化学控制剂实施化控。③严防病虫害发生。注意严密封盖避虫网，防止蚜虫、白粉虱、棉铃虫、烟青虫等害虫迁入温室内。必要时温室内要设置太阳能杀虫灯消灭棉铃虫、烟青虫等害虫。同时，要加强病情观察，一旦发现病毒病植株要及早拔除并用药剂消毒。④实施单秆整枝。留好4穗果，搞好整枝打杈，并做好吊架绑蔓工作。⑤注意收听天气预报，及时做好棚上覆盖塑膜和草苫的工作，以避雨和防止风、雹。

温室前窗面用避虫网覆盖，这样既可降温又可排湿，还可防止害虫迁入温室内。

(3)持续结果期的管理　从植株第一花序的果实如核桃大小到最上部花序的果实半熟期为结果期，也称陆续结果期。越夏茬番茄的结果期处在7～8月份的整个伏期和伏前、伏后各20天。此期高温、多雨、高湿的自然气候条件对于忌强光、高温、高湿的番茄极为不利，往往造成落花落果和病虫害烂果，严重地降低了果实品质和产量。为了保花保果和防止植株衰弱，促使果实正常发育膨大和成熟，在管理上除继续加强病虫害防治、整枝绑蔓、生长激素涂花或蘸花外，应重点做好遮荫降温、避雨、通风排湿和肥水供应工作，及时疏果和适时摘收。一是遮荫。银灰色遮阳网的遮光率约为57%，可降温3.5℃～4.3℃；绿色遮阳网的遮阳率为44%，可降温3℃～4℃。保护地越夏茬番茄结果期使用遮阳网，可使温室内白天气温低于30℃，夜间低于20℃。若遇特殊强光的高温天气，可只在温室前坡透光面加盖花帘。二是避雨。在大雨和暴雨到来之前，要在日光温室天窗通风口和温室前窗处加盖塑料薄膜防雨，雨后及时撩起前窗膜放在温室棚架上，并及时打开天窗通风。三是肥水供应。番茄结果期耗氮量较大，耗水量更大，为满足其结果期对氮素养分和水分的需求，从植株第一花序果实膨大期开始追肥、浇水后，在第二、第三、第四花序的果实膨大期都要重施氮素化肥，每次每667平方米追施尿素化肥8～12千克。为使植株最上部果穗的果实膨大成熟得好，除地面追肥外，还需叶面喷施磷酸二氢钾2～3次。在避雨栽培的情况下，追施肥料后必须浇水。浇水仍采取灌沟洇垄的方法，即浇灌大行间、洇湿小行间的隔行浇水法。浇水的次数要比追肥的次数多，一般每7～8天浇1次水。四是整枝、绑蔓和中耕。为改善植株行间和株间的透光通风和排湿状况，要及时整枝打杈、绑蔓和吊蔓，浇水后适时中耕松土，这样不仅能防止土壤板结，有利于土壤透气，而且可以加快表层土壤散墒排湿，降低行间空气湿度。五是疏果。在番茄植株每一花序的果实如蚕豆大小时，要进行疏果。疏果能减少养分的无效消耗，避免或减少畸形果，使果实大小均匀，增加平均单果重量，从而提高产量和改善果实品质。越夏番茄宜单干整枝留 4 穗果，大果型品种一般每穗留 2 个果，中果型品种一般每穗留3～4 个果，小果型品种宜每穗留 6～8 个果，并注意不要留对把果。通过疏果，把不需要的幼果和晚花都摘除，选留适量的周正、健壮、发育快的大果。为防止人为传播番茄病毒病，在疏果前要有专人拔除病毒病植株，清除病株残体。疏果前要用来苏儿水对双手实行消毒，在操作过程中不可吸烟，以防止传播烟草花叶病毒。

6. 适时采收　越夏茬番茄果实陆续成熟期正处于高温多雨的伏天，因自然温度高，果实成熟速度较快，后熟期以及贮藏期或货架寿命期较短。因此，应适时早采收，以利于延长货架寿命期。

7. 夏季番茄结果后期管理中存在的误区　在越夏番茄结果后期，不少菜农认为此时番茄的产量已成定局，因而疏于管理，结果导致番茄最后的几穗果产量不高，着色不好，商品性差，影响了经济效益的提高。菜农在番茄结果后期的管理上存在着以下误区。

(1)**为促进果实早成熟，盲目提高温室内温度**　有些菜农认为，果实早成熟可以早清园，于是为赶茬口人为地提高温室内的温度，甚至提前撤掉了温室棚顶上的遮阳网，致使番茄遭受高温危害，造成大量日灼病果，降低了果实的商品性。这种做法是错误的。有时为了促进果实早上市，可适当提高 2℃～3℃，但要注意温室内的温度绝不可长时间地超过 33℃，应注意降低夜温，以增强着色，减少消耗。

(2)**认为把叶片大部分疏掉有利于果实着色**　番茄生长后期下部老化的叶片较多，适当地疏除可有效地改善光照，减轻白粉虱的为害程度，有利于果实着色。但有些菜农认为番茄果实已经长够个头，叶片留在植株上已没有多大作用，只能影响果实着色，不如早疏掉。这种看法是不正确的，因为叶片过少会使光合产物制造不足，引起果实空心或起棱，影响外观。正确的做法是在每穗果实下面至少保留1～2片叶，以利于果实的正常生长。

(3)*果实已长足，无须再进行肥水管理* 这种观点是错误的，最后一穗番茄长够个后，可不再追肥，但不可不浇水。若土壤过于干旱，会影响番茄对土壤中养分的吸收，造成果实生长不良。此外，植株生长后期常发生缺素和早衰症状，应及时补充肥料(含叶面肥)及植物生长调节剂，可用0.5%磷酸二氢钾和2.85%硝·萘酸水剂6000倍液作叶面喷洒。

(4)*后期叶部病害可不必防治* 结果后期，不少菜农对病虫害的防治开始松懈，尤其对叶部病害的防治不够重视，结果常使番茄生长后期叶部病害频发，如果叶片受害，则会明显影响产量。拔园后的残枝残叶所携带的病原菌会在温室内四处传播，危害下茬蔬菜。因此，后期更应加强对各种病害的防治工作。一般此期内常发生的病害有叶霉病和细菌性角斑病等，可在病害发生初期用47%春雷·王铜可湿性粉剂600倍液或丁戊已二元酸铜可湿性粉剂500倍液进行防治。

四、大跨度半地下日光温室茄子高产栽培技术

(一)早春茬

1. 品种选择 日光温室早春茬茄子栽培对品种的要求是：①早熟，植株中等偏小，适合密植，增加种植密度。②商品性好。要求果形和果实大小符合市场需求。③植株生长势强，坐果能力强，产量高。④花的密度大，成花率高，畸形花少。⑤较耐低温和弱光照。要求品种在低温和弱光照的条件下，能保持较强的坐果

能力，不形成畸形果，果形端正，着色好。⑥抗病能力强。要求品种高抗茄子病毒病、绵疫病等易发生的病害。

2. 育　苗

（1）播期确定　茄子在12月上旬至翌年1月上旬播种育苗，翌年2月下旬定植，4月上中旬开始采收。

（2）育苗应掌握的要点　日光温室早春茬茄子栽培以早熟为栽培目的，育苗也应服从这一目的。具体要求如下：①要求培育适龄大苗栽培。培育适龄大苗栽培的主要目的是争取定植后早开花结果，早上市供应。②温床育苗。育苗床直接建在日光温室内。为保证秧苗正常发育，最好利用电热温床。③护根育苗。护根育苗的主要目的是保护茄子苗根系，防止茄子苗定植时因伤根严重而推迟发棵和结果。④培育壮苗。壮苗的标准是：具有8～9片真叶，叶色深绿，叶片肥厚，茎粗壮，节间短，根系发达完整，株高不超过20厘米，花蕾长出待开。

3. 定植　一般日光温室茄子苗在2月下旬当苗长至6～7片真叶时进行。

（1）定植前日光温室的准备　定植前1周将日光温室内的残株、杂草清理干净，并进行日光温室消毒。一般用白粉虱烟剂（每667平方米用8小袋，每袋100克）消毒可防治白粉虱、潜叶蝇、红蜘蛛、蚜虫等害虫，用45%百菌清烟剂（每667平方米用4小盒，每盒100克）可防治真菌病害。

（2）整地做畦　每667平方米日光温室施入优质农家肥5000～6000千克，三元复合肥30千克，深翻2遍，使土肥掺和均匀。整平畦面后做成高垄，宽70厘米、高20厘米、间距40厘米，垄背中间开一小沟，覆盖地膜后可用于浇水。

（3）定植　每垄定植2行，株距40厘米。先开定植穴，选晴天上午定植。定植后用土将穴口盖严，然后通过膜下暗灌浇足定植水。

4. 定植后的管理

(1)温度管理　定植后密闭保温,以促进缓苗。缓苗后白天超过 30℃通风,降至 25℃以下缩小通风口,降至 20℃关闭通风口,最低温度保持在 20℃以上,夜间最好保持 15℃左右。阴天也要揭开草苫见散射光,只有遇灾害性天气、温室外温度很低的情况下才不揭草苫。

(2)肥水管理　定植水浇足后,一般在门茄坐果前不浇水,只有发现土壤水分不足时才可浇 1 次水。门茄开始膨大时追肥,每 667 平方米用三元复合肥 30 千克溶解后随水灌入暗沟中,灌完水即把地膜盖严。结果后期注意追施氮肥。对茄采收后,每 667 平方米追施硝酸铵或硫酸铵 30 千克左右,追肥灌水可在明沟内进行,经 2～3 天表土干湿适宜时浅松土后培垄。以后随着外温的升高,根据植株生长势、土壤墒情,灌水可在明沟暗沟交替进行。

(3)植株调整　为争取温室茄子早熟,可实行单干整枝,每株茄子只留 1 个枝条作为主枝,在门茄以上结的两个果实长至采收标准的一半大小时,对侧枝留 2～3 片叶摘心;以后每级发出的侧枝都留两个果实,每个侧枝留 2～3 片叶摘心。

5. 采收　日光温室早春茬茄子要适时采收,门茄更应适当早采收,以免影响植株生长,对茄以后的果实达到商品成熟时再采收,如果采收过早将影响产量,如采收过晚品质将下降,并影响上部果实的生长。对茄以后的果实采收标准是茄子萼片与果实相连接的环状带趋于不明显或正在消失,果实光泽度好,最好在下午或傍晚采收。上午枝条脆,易折断,中午含水量低,品质差。采收时要防止折断枝条或拉掉果柄,最好用剪刀采收。

(二)越夏连秋茬

越夏连秋茬是在冬春茬或越冬茬收获后栽的一茬茄子,多在 4～5 月份育苗,在日光温室上覆盖旧薄膜,形成“天棚”状遮光降温，在炎热的夏季和初秋上市。该茬茄子无须用草苫和新薄膜，栽培成本低，但收益不一定低于其他茬次。夏秋茬茄子是供应8～9月份淡季的重要蔬菜，其生育期跨越盛夏高温季节，栽培管理措施一定要有针对性。

1. 品种选择　日光温室越夏连秋茬茄子栽培对品种的要求是：①选用中晚熟品种，植株生长势强，结果期长。要求品种对栽培环境具有较强的适应能力，在高温条件下能保持较强的生长势和结果能力，不容易早衰。②抗病能力强。要求品种对绵疫病、黄萎病、青枯病、病毒病等具有较强的综合抗性。③耐热性强。④商品果率高，畸形果率低。⑤适合再生栽培。⑥果形和果实大小要符合市场的要求。

2. 育　苗

(1)*播期确定*　一般在4月下旬至5月上旬。

(2)*育苗应掌握的要点*　①要护根育苗，注意保护茄子苗根系，防止茄子苗定植时伤根严重而推迟发棵和结果。②培育壮苗。防止茄子苗徒长或僵化，要求茄子苗茎粗壮、色深，叶片大而厚，子叶不脱落，根系多而长。③育苗温室要备好遮阳网，在光照过强、温度偏高时遮光。

3. 定植　每667平方米施优质农家肥5000千克以上，磷酸二铵40千克，而后做垄，按行距60厘米、株距40厘米栽苗，宜深栽高培土。秧苗栽好后随即浇水，定植第二天或第三天再浇1次水。缓苗后要及时中耕、蹲苗。雨后立即排水，防止沤根。为减轻茄子绵疫病等病害的发生，可喷一遍200倍的等量式波尔多液。

4. 覆盖遮阳网和防虫网　不要撤除棚膜，但要撤除日光温室前窗一幅棚膜，并彻底打开顶部通风口。在棚膜上覆盖一层黑色遮阳网，并在温室前窗和通风口处用30～40目的白色或银灰色纱网封严。这样，既能遮荫又能防雨，还能阻止蚜虫、白粉虱等害虫迁入。

5. 始花坐果期管理 在门茄开花至坐果期应控制浇水，蹲苗一段时间。为避免过分干旱引起落花，需适当浇水。雨后或浇水后及时中耕，门茄坐住后及时追肥、浇水，整枝打杈，去掉门茄以下的叶片，每667平方米追施粪水1000～1500千克，以后每层果坐住后都要追一次肥，每667平方米每次施尿素20千克、磷肥15千克、钾肥100千克。为减轻茄子绵疫病和褐纹病的发生，应定期喷75%百菌清500倍液、70%代森锰锌600倍液或波尔多液500倍液。

6. 结果期的管理 结期正处在雨季，管理的重点是保果、保叶，要及时摘除茎部老叶、病叶，定期喷药防治绵疫病、褐纹病以及蚜虫、茶黄螨、红蜘蛛。为满足茄子植株对养分的需要，一般每隔10～15天随水追施一次硫酸铵，每次每667平方米追施10～15千克，结合喷药加入0.3%的尿素或0.2%的磷酸二氢钾作叶面追肥，效果更好。

7. 采收 及时采收门茄，避免过晚采收造成坠秧而影响后期产量。

（三）秋冬茬

1. 品种选择 日光温室秋冬茬茄子栽培对品种的要求是：①中早熟，植株中等偏小，适合密植，以增加种植密度。②果形和果实大小要符合市场的要求，且耐贮耐运。③植株生长势强，坐果能力强，产量高。④植株生长稳定。要求所用品种在高温、潮湿以及弱光条件下，不发生徒长。⑤耐逆性强。日光温室茄子秋冬栽培播种至坐果初期正处于仲夏至仲秋高温季节，而持续结果盛期正处在秋末至冬春的低温和寒冷期，要求茄子苗期至坐果初期耐热性较强，结果期耐低温和弱光照，在低温和弱光照条件下，能保持较强的坐果能力，不形成畸形果，果形端正，也不发生早衰。⑥要求品种高抗茄子病毒病。

2. 育　苗

(1)*播期确定*　秋延后栽培茄子一般在7月底至8月初育苗。

(2)*育苗应掌握的要点*　育苗期正值高温多雨季节，不利于茄子生长发育。因此，该茬茄子栽培成功与否关键在于培育壮苗。育苗的关键是：避免强光照射苗床和雨水冲刷苗床；防止苗床积水，杜绝蚜虫、白粉虱等病毒媒介进入育苗床。具体应作好以下几项工作：①晴天中午前后用遮阳网对苗床进行遮荫，避免强光照射苗床。雨天要用塑料薄膜对苗床进行遮雨，不要让雨水冲刷苗床。②用防虫网密封苗床，防止蚜虫、白粉虱等病毒媒介进入育苗床。③用育苗钵护根育苗，保护好根系。④要控制肥水用量，加强苗床通风，防止茄子苗生长过快而发生徒长。对已发生徒长的苗及时喷洒0.3%矮壮素溶液，以减缓幼苗生长速度。⑤要定期喷药预防病害。一般从出苗开始每周喷1次药，交替喷洒多菌灵600倍液、噁霜·锰锌800倍液、甲霜灵600倍液以及吗胍·乙酸铜500倍液等。

(3)*壮苗标准*　苗龄为40～50天，具有5～7片真叶，有70%以上植株现蕾。

3. 定　植

(1)*施肥整地*　8月上中旬施肥、整地，每667平方米施腐熟的优质圈肥5～7立方米，混施过磷酸钙100千克，施肥后深翻30厘米，整平、耙细并浇水造墒。

(2)*栽植方式*　采用起垄栽培。按大行距80厘米、小行距60厘米起垄，垄高15厘米。起垄前，每667平方米于垄底撒施三元复合肥60～80千克。

(3)*定植*　于8月下旬至9月上旬定植。老龄温室在定植前要对温室内进行消毒，每立方米空间用硫磺5克加80%敌敌畏0.1克和锯末20克混合后点燃，密闭熏蒸一昼夜，再打开通风口通风(熏蒸前先封好棚膜)。当茄苗具7～9片真叶、门茄花现蕾时定植。定植株距为35厘米，可在垄上开沟、浇水和放苗坨，每667平方米定植2500株左右，水渗下后封沟。全棚定植后整理垄面，并覆盖地膜。

4. 定植后的管理

(1)缓苗期的管理　温室秋冬茬栽培茄子一般于8月下旬至9月初定植。此时由于外界气温较高，可满足茄子正常生长的需要，一般不用盖膜。茄子定植后，缓苗快，缓苗后生长发育旺盛。缓苗期间如果中午温度过高，土壤蒸发和叶面蒸腾量大，秧苗中午前后会出现萎蔫的现象。因此，要注意观察土壤墒情，适时浇水、中耕保墒。高温天气，中午要适当遮荫降温，防止秧苗萎蔫，以促进缓苗发根。当夜间气温连续几天低于12℃时要盖棚膜。寿光市一般于秋分过后尽早扣膜。寒露至霜降期间如果天气正常，白天气温较高时，要揭膜通风降温，此时温室也应尽量上好草苫，以防止夜间出现霜冻。如果遇寒流天气，要及时封棚保温。寒流较强时，夜间要盖草苫保温。

(2)结果前期的管理　从定植至茄子开始采摘上市一般需30～40天。此期间外界气温逐渐降低，管理上应加强温度调节，将温室内白天温度控制在22℃～28℃，夜间控制在13℃～18℃，争取早收门茄，提高对茄的坐果率。在门茄"瞪眼"前，土壤不旱不浇水，尽量不施肥，以免引起植株徒长造成落花落果。注意及时中耕除草，进行植株调整，抹除门茄以下的侧枝老叶。若植株密度大，生长旺盛，可以进行单干整枝，以利于通风透光。为防止因夜温低、授粉受精不良而引起的落花落果，可用20～30毫克/千克的2,4-D溶液蘸花或涂抹花柄。门茄"瞪眼"后应及时浇水、施肥，每667平方米施尿素10～15千克。一般在上午10时左右浇水，浇水后封棚1～2小时，而后通风降湿。

(3)结果盛期的管理　门茄采收后，当茄子进入结果盛期时需肥、需水量也达到最大值，因此此阶段的管理重点应放在肥水管理上。一般每隔 7 天左右浇 1 次水，每隔 2 次浇水追施 1 次肥。每 667 平方米每次可追施尿素 13 千克和硫酸钾 7 千克，或施腐熟人粪尿 800～1 000 千克，并结合浇水进行追肥。此时的外界气温更低，浇水应选晴天上午进行。如果已覆盖地膜，应在地膜下浇暗水，如有条件使用滴灌，效果更好，可将肥料配制成营养液直接滴灌。为了避免夜间温室内地温低于 15℃，浇水后应闭棚，利用中午的阳光提高棚温，使白天棚温保持在 25℃～30℃。当温室内温度高于 32℃时，应及时通风降湿。将夜间温度控制在15℃～18℃，昼夜温差保持在 10℃左右，有利于茄子果实生长。在茄子生长后期可结合病虫害防治进行叶面追肥，喷药时可加入0.2%尿素液，作为根系吸收能力减弱的补充。

秋冬茄子一般采取双干或单干整枝，当“四门斗”茄“瞪眼”后，在茄子上面留 3 片叶摘心，同时将下部的侧枝及老叶、病叶打掉，并清理出棚外埋掉或烧掉，以改善温室内的通风透光条件，减少养分消耗和病虫害的发生和传播。

5. 适时采收　门茄采收宜早不宜迟，否则易出现坠秧现象。采收茄子要注意看茄眼，当茄眼变窄时说明茄子生长转慢应及时采收，植株生长势弱的宜早采收，以防止徒长。采收一般在早晨进行，避免在中午高温时采收。

(四)冬春茬

1. 品种选择　日光温室冬春茬茄子栽培对品种的要求如下：①中晚熟品种，植株长势强，结果期长，产量高。②果形和果实大小要符合市场的要求。目前日光温室冬春茬茄子主要是外销，栽培地销售量比较少，因此应选择适合外销地消费习惯的品种。如销往东北地区，应选择长茄品种，如销往北京市，则选择圆茄品种。③植株生长稳定。要求所用品种在高温、潮湿以及弱光条件下，不发生徒长，以确保植株及时坐果。④较耐低温和弱光照。要求品种在低温和弱光照条件下能保持较强的坐果能力，果形端正，不发生早衰。⑤抗病能力强。要求品种高抗茄子褐纹病、病毒病、绵疫病等易发生的病害。

2. 育　苗

(1)播期确定　宜于8月中下旬播种育苗。

(2)育苗应掌握的要点　①嫁接育苗。嫁接砧木要选择与接穗亲和力高，嫁接易成活、抗病、耐低温且生长速度快的野生茄子品种。②培育大苗。用营养钵育苗。由于育苗时间较长，在苗期如发现营养不足，可用2%磷酸二氢钾或0.5%的尿素水溶液喷洒。在幼苗门茄花蕾下垂、含苞待放时定植。③育苗时要注意保护根系，定植时防止伤根、避免落花。

(3)低温炼苗　定植前7～10天进行低温炼苗。

(4)壮苗标准　嫁接后40～50天，株高20厘米左右，具7～8片真叶，茎粗0.6～0.8厘米，已现花蕾，根系发达。

3. 定　植

(1)定植前准备

①整地施肥　一般每667平方米施腐熟有机肥10000千克、磷酸二铵100千克、尿素15～25千克、硫酸钾50千克。一般是在造墒后先将3/4的基肥普施于地面，人工深翻40厘米左右，余下的肥料则采用沟施或穴施。

②温室消毒　于7月中下旬浇大水泡地并覆盖地膜，利用太阳能进行高温杀菌消毒；9月下旬扣棚膜，提高地温。定植前每667平方米日光温室用80%敌敌畏乳油250克拌上锯末与2000克硫黄粉混合，分10处点燃，密闭温室熏烟消毒一昼夜，通风后无味时再定植。

(2)定　植

①定植时间　于9月下旬至10月上旬，选择晴天定植并争取在15时之前定植完毕。

②定植方法与密度　定植株距为45～50厘米，将茄苗摆在沟中，培土高度以达到幼苗第一真叶处为宜，注意不要使接口触及地面，避免发生不定根和感染病菌。嫁接茄子要适当稀植，不宜过密。定植穴周围用土封压，而后用90厘米幅宽地膜覆盖小行垄面，随后进行膜下暗灌，定植水以浇到垄面为准。

③覆盖地膜方式　首先，地膜用钢丝起拱，在温室前沿处横向固定一根钢丝，其长度根据温室长度决定，钢丝两头用木桩固定好，而后在种植行北面固定一根钢丝，与前沿处的钢丝等长，这样种植行前端和后端就各有一根钢丝，在每个种植行中间再纵向拉一根与种植行等长的钢丝，两端固定在前后两根钢丝上，这样覆盖上地膜后，地膜就不会再贴在地面上，而是会出现30厘米左右的空间，让地膜充分发挥其保温、保湿的作用。

4. 定植后的管理

(1)缓苗期的管理　定植后1～2天晴天时应盖花苫遮荫防萎蔫，定植后第四至第五天要选好天气，在膜下灌1次缓苗水。缓苗期间，室内温度不超过35℃时不必通风，超过35℃时开始逐渐通风，当温度降至25℃时闭风。外界气温较低时，通风量要小，时间要短，随着外界气温渐渐升高，逐渐加大通风量，适当延长通风时间。阴天通风量要小些，通风时间要短；晴天通风量要大些，时间可长些。灌水后要闷棚1小时，在茄子适应的温区内尽量提高室温，促进蒸发、蒸腾，而后通风排湿，通风量要大，时间要适当延长。缓苗期温度管理掌握在上午25℃～30℃，当超过30℃时适当通风，下午温度为28℃～30℃，低于25℃时关闭通风口，白天保持20℃以上，夜间保持15℃左右。用透明塑料绳吊架，实行双蔓整枝。

(2)开花结果期的管理

①用生长素蘸花　低温季节为保证坐果，防止落花和不发生僵果，须用生长素蘸花。一般定植后15～30天门茄开花，在花开

放一半时用20～35毫克/千克2,4-D药液蘸花,同时在每千克蘸花药液中加入1克腐霉利或乙烯菌核利,一般用毛笔蘸2,4-D溶液涂抹花萼和花朵。也可用30～35毫克/千克防落素药液喷花。春、秋季蘸花浓度用下限,深冬季节用上限。

②整枝打叶　茄子是双杈分枝作物,冬季在日光温室里栽培,密度大,光照弱,通风量小,如果不进行整枝,中后期很容易"疯秧",只长秧不结果,因此必须整枝。日光温室茄秧一般采用双干整枝,即对茄以上留两个枝干,每枝留一个茄子,每层留两个茄子。后期外界气温升高需昼夜通风时,可以留三个枝。

③追肥灌水　当门茄的长或粗达3～4厘米时(瞪眼期)及时浇水追肥,一般每667平方米用尿素10千克、硫酸钾7.5千克、磷酸二铵5千克混合穴施。在门茄瞪眼前不宜浇水。在对茄开始膨大时进行第二次追肥,追施肥料种类、数量及方法同第一次。此后,追施肥水视植株的生长状况及生长期的长短确定。

④温度光照管理　上午保持在25℃～30℃,下午28℃～30℃;上半夜保持20℃～23℃,下半夜10℃～13℃;土壤温度保持在15℃～20℃,不能低于13℃。为了保证深冬季节地温不低于15℃,中午的气温可比常规管理提高2℃～3℃。如果植株旺长要适当降温,尤其要注意降低夜间气温;植株生长势弱时,适当提高温度。遇阴天日光温室温度低时应减少通风量。在阴雪寒冷天气,也必须坚持尽量揭苫见光和短时间进行少量通风;连阴乍晴后室温不可骤然升高,发现萎蔫须覆草苫遮荫。浇水后密闭日光温室1小时提高温度,并在中午加大通风排湿。每天清洁棚膜,有条件的可在日光温室内张挂反光幕,在不影响室温的情况下尽量早揭晚盖草苫。

5. 及时采收　门茄易坠秧,采收宜早不宜迟,一般当茄子萼片与果实相连处浅色环带变窄或不明显时即可采收。植株生长势弱的宜早采收。

6. 目前茄子用激素点花存在的误区

(1)认识上的误区　有些人以为在低温条件下激素能防止落花落果，实现早熟高产，因此在茄子开花后，偏重于激素处理花朵，轻视和放松综合管理措施，结果是仍有落花，畸形果多而减产减收。事实说明，激素的作用只局限于防止落花落果。在一定的环境条件下，它确实能“立竿见影”，但有时却显得“无能为力”。短柱花、授粉不良、僵果、畸形果和烂果的形成，也不全是激素的过错。茄子栽培没有良好的生长环境，充足的水肥供应，精细周到的管理措施，单靠激素处理花朵是不能实现早熟高产的。具体地分析，有以下几种情况：①在长期的弱光条件下，茄子长柱花减少，短柱花增多。短柱花由于花柱短，不能露出花药筒，不能授粉受精。应设法增光补光，如增挂反光幕，早揭晚盖覆盖物，阴雨天短期揭苫等，有条件的也可用日光灯补光。②在夜温高的条件下，最易形成短柱花，不能授粉受精。育苗期夜温高，花芽会提前分化，短花柱增多。昼夜温差对长柱花的形成至关重要，应把夜温降至15℃～17℃。③较弱植株所开的花，花梗细，花瘦小，花柱短，不宜授粉受精，即使用激素处理，也会形成僵茄。应注意育壮苗，定植时淘汰弱小苗。④土壤干旱，空气干燥，土壤中肥料浓度过大，花的发育受阻，易形成短柱花。即使是长柱花，用激素处理，但由于叶片制造的养分少，也会形成僵茄。应防止干旱，每次施肥量不宜过大，做到“少吃多餐”。⑤门茄“瞪眼”前没有及时进行适宜的蹲苗，生长过旺的植株(徒长株)所开的花易落花，即使用激素处理，也易形成僵果、多心皮果或雌蕊基部分开发育成的毛边果、扁平果等。此时叶片制造的养分被茎叶争夺，生长点营养过剩，影响了花芽分化和发育。应适时蹲苗，蹲苗期适当地控水控肥和中耕，使植株矮壮，根深叶茂，从而实现坐果节位低、节间短、花梗粗、花柱长、宜授粉。⑥植株生长势不好，用激素处理促进坐果，结果多，而叶片制造供给的养分少，也易形成僵茄。故应适时疏花疏果，可摘掉门前茄花，适当延长营养生长阶段，促根壮秧。⑦在高温条件下，用高浓度激素处理花朵，会形成凸凹状畸形果。遇高温应用低浓度激素处理花朵。⑧空气相对湿度长时间在85%以上，易导致茄子绵疫病和灰霉病的发生和蔓延，使花朵授粉困难，即使用激素处理，也易落花落果或烂果。茄子喜水却怕湿，应注意做好排湿降湿工作。施药时应避免用药液喷施而增加湿度，可采用粉尘法或烟雾剂施药，并在激素药液中加入1%的腐霉利或异菌脲可防患于未然。

(2)在点花时间上的误区　一些菜农在用激素处理花朵在时间上毫无规律，有的甚至几天才去检查点花1次，效果不好。试验证明，茄子开花前3天和开花后3天点花都有作用，但是，坐住果并不等于就能长成品质良好的商品茄，只有在开花前1天和开花当天用激素处理花朵，才能达到最佳效果。

(3)激素浓度大小的误区　一些刚开始栽培茄子的菜农，总是认为点花激素浓度越大越好，致使出现大量的畸形果；有些菜农不管温度高低，千篇一律地用30毫克/千克的浓度处理花朵，这些做法都不能达到最佳效果。在日光温室内用激素点花，可根据温度的高低配30～50毫克/千克浓度。2,4-D浓度过大，在不适宜的温度下会出现畸形果，在适宜的温度下会影响茄子正常膨大，可在激素溶液中加入和激素等量的赤霉素，既可克服存在的弊病，又可促进茄子膨大，效果良好。以上激素溶液浓度只能用于涂抹茄子花柄，注意不能围绕花柄抹一圈，也不能顺着花柄拉长抹，只能像写大字那样的一点即可，毛笔上的药液不可蘸得太饱，避免药液流淌对主茎、花苞及叶片造成药害。

五、大跨度半地下日光温室辣(甜)椒高产栽培技术

(一)早春茬

11月下旬播种育苗，翌年1月下旬定植，3月中旬开始收获。该茬辣椒植株生育正常，但易受病虫危害，管理好可越夏栽培。

1. 品种选择　日光温室早春茬辣(甜)椒栽培对品种的要求是：①早熟，植株中等偏小，适合密植，可增加种植密度。②果形、果实大小和颜色要符合市场的要求。③植株生长势强，坐果能力强，产量高。④花的密度大，成花率高，畸形花少。⑤较耐低温和弱光照。品种在低温和弱光照条件下，能保持较强的坐果能力，不形成畸形果，果形端正，着色好。⑥抗病能力强。要求品种高抗辣(甜)椒炭疽病、病毒病、疫病等易发生的病害。

2. 育　苗

(1)播期确定　早春茬辣(甜)椒育苗期间气温较低，一般育苗期为80天左右。早春茬辣(甜)椒若在1月前后定植，正常的播期应在头年11月中下旬。

(2)育苗应掌握的要点　①培育适龄大苗栽培，主要目的是争取定植后早开花结果，早上市供应。适宜的辣(甜)椒苗大小是苗茎顶端现大蕾，但不开放；苗叶具体数量因品种而异。②要护根育苗，主要目的是保护辣(甜)椒苗根系，防止辣(甜)椒苗定植时严重伤根，而推迟发棵和结果。③培育壮苗，防止辣(甜)椒苗徒长或僵化，要求苗茎粗壮、色深，叶片大而厚，子叶不脱落，根系多而长。

3. 定植　辣(甜)椒喜温不耐寒，第一朵花现蕾时选晴天上午定植。定植前10～15天逐渐进行低温炼苗。定植前结合整地每

667 平方米施腐熟的优质农家肥 7500～10000 千克、过磷酸钙 30 千克。为了减少病害发生，成龄苗可结合根外追肥喷 1 次防病农药。选茎粗叶大的壮苗定植，坚决淘汰病弱苗。为便于管理，一般采用宽窄行定植，宽行距为 80～90 厘米，窄行距为 50～55 厘米，穴距为 30～33 厘米，每 667 平方米定植 3500 株左右。栽后浇足水，覆土后立即扣严塑膜。

4. 定植后的管理

(1)温度管理　日光温室早春茬辣(甜)椒定植后因外界温度较低，必须加强保温，密闭温室不通风，一周内保持气温在 28℃～32℃，以促进缓苗。为了增加室内温度和光照，可以在日光温室北墙上张挂反光幕，也可以在日光温室内挂无纺布或旧塑料薄膜做内保温幕，还可以在日光温室内用地膜扣小拱棚，夜间加盖纸被保温。当辣(甜)椒心叶颜色转淡开始生长，表明已经缓苗。这时白天温度要降至 25℃～28℃，超过 30℃时要在日光温室顶部扒缝通风降温。随着天气转暖逐渐加大通风量，防止高温、高湿使植株徒长，引起落花落果。辣(甜)椒坐果后，要适当从日光温室肩部底脚围裙膜上扒缝通风。当外界最低气温达到 15℃以上时，昼夜通风。需要注意的是，当辣(甜)椒进入采收期后，夜温应控制在 15℃～18℃，如果夜温超过 20℃，虽然可加快果实膨大，但植株趋向衰弱；夜温在 15℃以下时，对果实生长不利，甚至出现“僵果”。夏季来临后应将日光温室前底脚围裙全部卷起，顶部也打开通风口通对流风。

(2)肥水管理　定植水浇足后，一般在门椒坐果前无须浇水，但缓苗后若发现土壤水分不足，可在地膜下适当浇一次缓苗水，水量可稍大一些。此后要适当蹲苗，促进根系生长。如果此时土壤水分过多，容易引起植株徒长，也会引起落花、落果。门椒膨大后开始追肥浇水，每 667 平方米追施尿素 10 千克、磷酸二铵 15 千克。进入盛果期再追肥 2～3 次，浇水次数和浇水量应视土壤墒情和植株长势而定。辣(甜)椒总需水量虽然不大,但是土壤必须经常保持湿润,一般土壤湿度保持在50%～60%。进入夏季后,由于温度高和通风量大,蒸发量也大,浇水宜勤,浇水量也要增加。

(3)植株调整　当辣(甜)椒进入盛果期,植株生长势十分旺盛。为了减少养分消耗和增加通风透光,要及时剪掉内膛徒长枝和生长过旺的枝条,枝条下部的黄化老叶也要摘除。

(4)剪枝再生　日光温室早春茬辣(甜)椒一般到秋季即进行拔秧倒茬,但也可以利用剪枝再生进行恋秋栽培。具体做法是:在7月末至8月初选择晴天上午将辣(甜)椒四面斗结果部位的上端枝条剪下,为避免剪枝伤口感染炭疽病、病毒病,应及时喷1∶1∶240倍波尔多液,一周后再喷1次。剪枝后要加强肥水管理,一般每667平方米施腐熟农家肥2000～3000千克、饼肥25千克、复合肥10千克。剪枝一周后用0.5%～1%磷酸二氢钾进行叶面追肥。一般8月下旬可进入果实采收期。9月下旬以后加强保温,白天通风,夜间闭风,在霜冻前夜间开始覆盖草苫。采收期可以延迟到元旦前后。

5. 收获　辣(甜)椒要适时采收。一般门椒、对椒应适当早收,以免坠秧而影响植株生长;门椒、对椒以上的果实原则上是在果实充分长大,果肉变硬,果色变深,用手紧攥辣(甜)椒果肉不塌陷为采收标准,最好在上午10时之前采收完毕。一般盛果期5～7天采收1次。如果植株生长势过旺,门椒以上对椒、四门斗坐果少,可适当延长门椒的采收,以起到坠秧促坐果的作用。采收初期市场季节差价较大,为争取效益也可灵活掌握。

因辣(甜)椒枝条较脆嫩,采摘时不能用手猛揪以免枝条折断,应用手将辣(甜)椒轻轻向上掀起,辣(甜)椒就会自行脱落。

(二)越夏茬

对处在高温期的夏秋季辣(甜)椒的栽培管理,主要是注意遮荫降温和日光温室盖顶膜、前裙膜的通风透气。据测试，棚下气温依据棚膜的厚薄可比露地低4℃～7℃。如果棚膜上再搭遮阳网，则晴天降温效果更佳。多年的经验证明，辣(甜)椒在夏秋季高温时基本上每下1次雨便不同程度地发生1次病害。如果夏季采用日光温室防雨栽培，则可大量降低发病次数和发病率。由此可见，夏秋栽培辣(甜)椒成功的关键在于能否采用防雨降温设施栽培。

1. 品种选择 日光温室辣(甜)椒越夏茬栽培对品种的要求是：①植株生长势强，结果期长。要求品种对栽培环境具有较强的适应能力，在高温条件下，能保持较强的生长势和结果能力，不易早衰。②抗病能力强。要求品种对炭疽病、病毒病、疫病、疮痂病等具有较强的综合抗性。③商品果率高，畸形果率低。④适合再生栽培。⑤果形、果实大小和颜色要符合市场需求。

2. 育 苗

(1)播期确定　用日光温室生产越夏茬辣(甜)椒的播种期视前茬结束时间确定，一般在3月中旬至4月上旬。

(2)育苗应掌握的要点　①培育适龄大苗栽培，主要目的是争取定植后早开花结果，早上市供应。适宜的辣(甜)椒苗大小是苗茎顶端现大蕾，但不开放。具体苗叶数量因品种而异。②要护根育苗。护根育苗的主要目的是保护辣(甜)椒苗根系，防止辣(甜)椒苗定植时严重伤根，而推迟发棵和结果。③培育壮苗。要防止辣(甜)椒苗徒长或僵化，要求苗茎粗壮、色深，叶片大而厚，子叶不脱落，根系多而长。壮苗标准是：株高18厘米，茎粗0.4厘米，具10～12片叶，叶色深绿，现蕾，根系发达，无病虫害。④用40目尼龙防虫网将育苗日光温室通风处全部封严；育苗温室在光照过强、温度偏高时用遮阳网遮光。

3. 定 植

(1)整地与施基肥　按大小行做半高畦，大行距为80厘米，小行距为40厘米，畦间距为1.2米，畦高10～15厘米，覆盖地膜。

基肥以优质有机肥为主，以复合化肥为辅。结合整地每667平方米施优质有机肥3～5立方米，加入三元复合肥50～60千克、过磷酸钙30千克左右，对老棚区可适当施用生物肥料，以改善土壤。

(2)安装防护保护设施　一是覆盖棚膜。日光温室在定植前覆盖0.08～0.1毫米厚的塑料薄膜，通风处设在顶部和前下部。二是设网。用32～40目尼龙网在日光温室顶部和前下部各设一道防虫网，顶部网宽1米，前下部网高1.5米，防虫网与温室同长，门口处同时设网。三是设遮阳网。用遮阳率为50%～60%的遮阳网在午间高温时遮阳降温，遮阳网遮盖棚膜面积需达60%～80%，遮阳网应于定植前安装好。

(3)定植　日光温室于5月下旬至6月上旬定植辣(甜)椒苗，株距为55～60厘米，大行距为80厘米，小行距为40厘米，每667平方米定植1800～2000株。定植后及时浇透定根水，覆土以与育苗土坨相平为宜。

4. 定植后的管理

(1)环境调控　如果温度高于35℃，辣(甜)椒花芽分化和授粉受精不良，易发生落花落果，故越夏辣(甜)椒必须做好控温操作。在加大通风的基础上，可覆盖遮阳网降温。因辣(甜)椒具有喜光且耐弱光的特性，在夏季高温季节，可适当延长遮阳网的覆盖时间。当上午温室内温度达30℃左右时，即应覆盖遮阳网；下午温室内温度低于30℃时，可将遮阳网撤去。在采取以上措施的情况下，如温室内的温度仍然居高不降，可采用喷水或浇水的方法降温。

(2)肥水管理　辣(甜)椒喜湿但怕旱怕涝。定植缓苗后，可通过控水、划锄的措施，保证土壤墒情，控制植株旺长。切忌不要浇水过勤，以防根系窒息或者植株徒长。浇水时除定植水和缓苗水可采取大水浇灌外，其余浇水均应浇小水。定植后15天左右暗沟浇水1次，以保证土壤水分含量并防止结果前水分含量不足而影响彩椒生长。将门椒及早打掉，当对椒长到鸡蛋大小时，每667平方米用三元复合肥20～30千克、尿素3～5千克随浇水追肥，以保证结果期的养分供应。结果后每20天追肥1次，每667平方米用10～15千克三元复合肥随水追施，生长期内每20天左右对叶面喷施微肥1次。

(3)使用激素控制旺长　越夏辣(甜)椒经常出现旺长现象，而旺长往往不坐果，此时应合理使用激素进行控制。甲哌鎓或矮壮素不仅可以抑制营养生长，而且可促进生殖生长，有利于提高辣(甜)椒的坐果率。但是，甲哌鎓和矮壮素使用一定要合理。开花结果前，可用25%甲哌鎓水剂500～750倍液或矮壮素1000～1500倍液进行喷施；果实坐住后，要降低喷洒浓度，甲哌鎓可用750～1000倍液、矮壮素可用1500～2000倍液，以避免抑制果实发育或过度抑制营养生长。

另外，对于生长势过弱的植株，可采用喷施甲壳素和冲施生物菌肥的方法，促棵转旺。

(4)整枝　双干整枝留2个主干，每枝所发生的两杈分枝留1枝去1枝，以保证每一株2个主干向上生长。3干整枝留3个主干，每个主干所发生的分枝留1枝去1枝，保证每株3个主干向上生长。不论双干整枝还是3干整枝，每个主干用一条架绳牵引以防止倒伏。

5. 越夏甜椒结果期管理要做到两个防止

(1)防止钾肥供应不足　甜椒生长期对氮、磷、钾三元素的需求比例为3∶1∶4。甜椒生长期间对钾肥的需求量最大，钾决定了甜椒的品质和产量。如果钾肥供应不足，甜椒植株茎秆软弱，容易倒伏，果实小，表面光泽差，产量低，难于运输。因此，在施基肥时，提倡在施有机肥的基础上增施钾肥。因为有机肥一般含氮、磷素多，含钾少，如果每667平方米施鸡粪10立方米，则需要施入硫酸钾复合肥10～15千克，这样可以提高后期产量。一般在甜椒坐果后，当果实长至核桃大小时就应追施钾肥，每 667 平方米可施硫酸钾 10 千克，以后可随着产量的升高适当增加施钾肥量，一个生长季节一般追施 3～5 次即可。

(2)防止肥水过量　甜椒属浅根性蔬菜，根系不发达，大量的根系主要集中在 10～15 厘米深的土壤中，既怕涝也怕旱。甜椒结果期一旦缺水易得脐腐病，如果浇水量过大，积水时间超过两小时容易导致植株萎蔫，甚至死亡。甜椒不喜欢大水漫灌，尤其在黏质土壤上更要防止灌大水。冬季气温低，如果大水漫灌，常使根系窒息，轻则造成上部嫩叶变黄或老叶老化脱落，重则烂根导致死棵。针对甜椒的根系特点，应视土壤干湿程度确定浇水与否，每 667 平方米以浇 10～20 立方米水为宜，切忌大水漫灌。

如果鸡粪、鸭粪等有机肥未腐熟就施入地里，甜椒定植浇水后，未经充分发酵腐熟的有机肥在发酵时散发出的热量容易造成烧根。即使是腐熟好的有机肥也不要过量或过分集中施用。有机肥在施用时，要与土壤充分混匀并深施 30～40 厘米，并注意肥料与根系要保持一定的距离。

许多日光温室土壤中因化肥连年施用，其中磷、钾已达丰富水平。日光温室甜椒施用化肥要考虑这个因素，注意控制化肥施用量。

(三)秋冬茬

秋冬茬主要是指深秋至春季供应市场的栽培茬口，主要供应元旦市场，7 月上旬播种育苗，苗龄为 60～70 天，9 月上中旬定植，10 月中旬开始采收。有些地区管理水平较高，冬春茬辣(甜)椒可越夏栽培，立秋前剪枝更新，转入秋冬茬生产。老株更新要求植株要健康，无病虫害，根系未受损伤，剪枝后可较好地萌发新枝。

1. 品种选择　日光温室秋冬茬辣(甜)椒栽培对品种的要求是：①中早熟，植株中等偏小，适合密植，以增加种植密度。②果形、果实大小和颜色要符合市场的要求。③植株生长势强，坐果能力强，产量高。④植株生长稳定。要求所用品种在高温、潮湿以及弱光条件下不发生徒长。⑤花的密度大，成花率高，畸形花少。⑥较耐低温和弱光照。要求品种在低温和弱光照条件下能保持较强的坐果能力，不形成畸形果，果形端正，着色好；植株不发生早衰。⑦抗病能力强。要求品种高抗辣（甜）椒炭疽病、病毒病、疫病等易发生的病害。

2. 育　苗

(1)*播期确定*　日光温室秋冬茬辣（甜）椒的上市期应安排在10月中下旬，适宜的播种育苗期安排在7月中旬。

(2)*育苗应掌握的要点*　育苗的关键是避免强光照射苗床，避免雨水冲刷苗床，防止苗床积水，杜绝蚜虫、白粉虱等病毒媒介进入育苗床。具体要做到以下6点：①晴天中午前后要用遮阳网对苗床进行遮荫，避免强光照射苗床。②雨天要用塑料薄膜对苗床进行遮雨，不让雨水冲刷苗床。③用防虫网密封苗床，防止蚜虫、白粉虱等病毒媒介进入育苗床。④用育苗钵护根育苗，充分保护根系。⑤控制肥水用量、加强苗床通风，防止辣（甜）椒苗徒长。对已发生徒长的苗，要及时喷洒助壮素、矮壮素等生长抑制剂，减缓苗子的生长速度。⑥定期喷药预防病害。一般从出苗开始，每周喷一次药，交替喷洒50%多菌灵可湿性粉剂800倍液、64%噁霜·锰锌可湿性粉剂800倍液、25%甲霜灵可湿性粉剂600倍液以及三氮唑核苷·铜锌可湿性粉剂500倍液等。

3. 定植　日光温室辣（甜）椒一般在8月中下旬定植，定植前要对日光温室进行彻底消毒。消毒时一般采用硫磺熏烟法，每100平方米栽培床用硫黄粉、锯末、敌百虫粉剂各0.5千克配制成混合剂，分为3～5份放在瓦片上，置于日光温室内四周，密闭温室点燃熏烟。24小时后，开放日光温室排除烟雾，准备定植。定植方式有两种：一种定植方式是不做垄，按行距60厘米开沟施入腐熟的有机肥；另一种方式是做20厘米高、70厘米宽的南北向垄，中间开一条深20厘米的灌水沟，两垄间距为30厘米，垄面微向南倾斜。在垄上覆盖地膜，按行距40厘米、株距20～30厘米打定植孔，晴天上午定植，定植深度以苗坨表面低于畦面2厘米为宜。定植完后浇定植水。

4. 定植后的管理

(1)温度管理　辣(甜)椒是喜温蔬菜，其温度管理的主要工作是通风降温，但要做好防寒和防早霜的准备，10月15日前后盖草苫。冬季白天温度保持在20℃～25℃，夜间保持13℃～18℃，最低应控制在8℃以上。该茬以保温为主，通风量要小，通风时间要短，以顶部通风为主，下午温度降至18℃时，及时盖草苫。在温度的管理上实行变温管理法。该法根据辣(甜)椒的温周期特性，将一天的温度管理分为上午、下午、前半夜、后半夜4个时段：上午揭开草苫以后，使温度迅速提高，保持在25℃～30℃，不超过30℃不通风，上午辣(甜)椒的光合作用强度高；下午1时以后，呼吸作用相对提高，此时的重点是抑制呼吸作用，通过适当的通风使温度降低，保持在20℃～23℃；前半夜的重点是促进白天光合同化物的外运，此时辣(甜)椒植株进行呼吸作用，促进同化物外运的适宜温度为18℃～20℃；后半夜管理的重点是尽可能地抑制呼吸作用，减少养分的消耗，温度在15℃左右。在进行变温管理时应注意两个问题：一是气温与地温的关系，辣(甜)椒的生长要求一定的昼夜温差，在高气温时应控制较低的地温，低的气温时应控制较高的地温。地温的调节可以通过早晨浇水等方法来实现。二是光照与变温管理的关系，在光照充足的情况下，高温可提高辣(甜)椒的光合速率，而在光照不足的情况下，较低的温度可以抑制呼吸消耗，所以，应根据天气的晴阴变化，灵活调控温度，在晴天时控制温度取高限，在阴天时控制温度取低限。

对于冬季保温效果较差的日光温室，在覆盖各种不透明覆盖物后最低温度仍达不到要求时，可利用揭盖草苫的时间来提高夜间温度和最低温度。下午在太阳落山前覆盖草苫，早晨尽量早揭草苫，以揭开后温度在 20 分钟内开始回升为适宜。

(2)光照管理　冬季光照强度低，应在保证日光温室温度的情况下，尽量延长光照时间，早揭晚盖草苫，使植株多见光。同时，要保持薄膜表面的清洁，提高透光率，在日光温室的北侧张挂反光幕以提高光照度。阴天或雪天光照强度低，植株呼吸消耗大，可进行根外追肥，喷施 1%糖水。

(3)湿度管理　湿度过高会出现辣(甜)椒叶片的“沾湿”现象，须注意除湿。除湿最好的方法是采用膜下灌溉的浇水方式，选择在上午浇水，这样有利于地温的回升和排湿。排湿的方法是在浇水以后不通风，使温室内的温度迅速升高，促进地表水分蒸发，提高空气相对湿度，1 小时后迅速通风 10 分钟，通风口要大，时间不要太长，适时关闭通风口，重复 2～3 遍这样的操作后，地表的湿气基本可以排除。此外，日光温室内要尽量减少喷药次数，以熏烟的方法代替喷药。

(4)肥水管理　冬季浇水要用深机井的水或日光温室蓄水池的水，以防止降低地温。浇水量以土壤见干见湿为宜。随水施肥，根据植株的生长势和结果情况，每浇 1～2 水施肥 1 次，每 667 平方米施磷酸二铵 10 千克或尿素 10 千克。结果后期每隔 5～7 天喷施 1 次 0.3%的磷酸二氢钾液或 0.2%的尿素液，也可喷施喷施宝(主要成分为有机质、活性有机酸以及钾、锌、硼等多种元素)等叶面肥。

(5)保花保果及植株调整　用 2,4-D 或番茄灵抹花以提高坐果率。进入盛果期后要摘除植株内部徒长枝，打掉下部老叶。在拉秧前 15 天摘心，促使养分回流，促进较小的果实尽快发育成具有商品价值的果实。早春辣(甜)椒越夏恋秋栽培在 8 月初将第三层果以上的枝条全部剪去，剪枝后及时喷 1∶1∶240 波尔多液，1

周后再喷1次，以利于伤口的愈合。发出新枝后，要选留壮枝。

5. 采收 门椒要及时采收，以防止坠秧，以后的果实待果个长到最大、果肉开始加厚时采收。若植株生长势弱，要及早采收。

（四）越冬茬

1. 品种选择 日光温室越冬茬辣（甜）椒栽培对品种的要求是：①早熟，植株中等偏小，适合密植，以增加种植密度。②果形、果实的大小和颜色要符合市场的要求。③丰产，植株生长势强，坐果能力强，产量高。④植株生长稳定，要求所用品种在高温、潮湿以及弱光条件下不发生徒长。⑤低温条件下成花率高，畸形花少。⑥耐低温和弱光照，要求品种在低温和弱光照条件下能保持较强的坐果能力，不形成畸形果，果形端正，着色好，也不发生早衰。⑦抗病能力强。要求品种高抗辣（甜）椒炭疽病、灰霉病、疫病等易发生的病害。

2. 育苗

（1）*播期确定* 一般要求春节前上市，则需在8月上旬播种，苗龄35天左右。

（2）*育苗应掌握的要点* 日光温室越冬茬辣（甜）椒育苗同秋冬茬一样，育苗时正值高温季节，为预防出现小老苗，提高其抗病毒能力，宜采用遮阳网遮荫育苗。育苗时应掌握以下几点：①晴天中午前后要用遮阳网对苗床进行遮荫，避免强光照射苗床。②雨天要用塑料薄膜对苗床进行遮雨，不要让雨水进入育苗床内。③要用防虫网密封苗床，防止白粉虱、蚜虫等进入育苗床内。④采取嫁接育苗，减轻土传病害的发生。⑤采用穴盘育苗技术进行护根育苗，充分保护根系。⑥育苗期间要严格控制茶黄螨为害。⑦要定期喷药预防病害。一般从出苗开始，每周喷一次药，交替喷洒70%多菌灵800倍液、64%噁霜·锰锌800倍液、25%甲霜灵600倍液以及苦参碱·硫磺·氧化钙300倍液等。⑧在苗龄为35天左右，具 3 叶 1 心时单株定植，最迟不能超过 40 天，过晚定植其根系会出现老化和部分根系死亡。

3. 定　植　植株高大品种的种植，密度要小，如黄欧宝、橘西亚等，每 667 平方米栽 2200 株，大行距 70 厘米，小行距 50 厘米。生长势弱的品种，如白公主和紫贵人每 667 平方米株数为 2800 株，大行距 70 厘米，小行距 50 厘米，株距为 40 厘米。有滴灌设备的可采用小高畦栽培法；无滴灌的则采用双高畦栽培法，在冬天进行膜下暗灌。

4. 定植后的管理

(1)深冬阶段的管理　一是温度管理。应加强保温，白天温度达 30℃时要开天窗通小风。开花坐果期白天温度保持在 22℃～26℃，夜间保持在 15℃～18℃。果实膨大期与转色期白天保持 25℃～30℃，夜间保持 15℃～20℃。10 厘米地温保持在 17℃～25℃。二是肥水管理。植株表现为缺水时，在小行间于膜下浇小水，每水带肥，应交替施用有机肥和化肥。每 667 平方米每次冲施有机肥 100 千克，化肥磷酸二铵 15～20 千克或硝酸钾 5～8 千克。春节前后要追施 1 次充分腐熟的鸡粪，每 667 平方米施 1 立方米。三是植株调整。去除不结果枝和弱枝，个别主枝结果后变弱而失去结果能力时，可在摘除果实的同时将其去掉；下部叶片如果变黄则及时去掉，并将摘除的枝叶及时清理出室外，以防止病原传播。四是保花保果。在开花初期因温度偏低易落花，可用 15～20 毫克/千克 2,4-D 水溶液或 25～30 毫克/千克的番茄灵液喷花。门椒结果后，每隔 5～7 天喷 120 毫克/千克亚硫酸氢钠液，可控制光呼吸并减少养分消耗。五是病虫害防治。注意防治茶黄螨、病毒病和灰霉病。

(2)2 月中旬后的管理　一是温度管理。逐渐加大通风量，晴天中午温室内的气温不要超过 32℃，当夜间最低温度高于 15℃时，要打开所有通风口昼夜通风。二是肥水管理。4 月中下旬以前每10～12天浇1次水，每水带肥；4月中旬以后7～8天浇水1次，隔一水带肥。肥料种类、用法与用量同上。三是病虫害防治。注意防治日灼病、脐腐病、白粉虱和美洲斑潜蝇。

5. 采收　辣（甜）椒的枝条十分脆嫩，采收时要防止折断枝条。门椒、对椒、下层果实应适时早收，以免影响植株生长。此后一般在果实充分长大、肉变硬后分批分次采收。

（五）冬春茬

冬春茬辣（甜）椒是温室栽培的主要茬口，也是经济效益高、栽培难度大的茬口。一般在8月末至9月初播种育苗，苗龄为70～80天，11月上中旬定植，翌年1月上旬收获。

1. 品种选择　日光温室冬春茬辣（甜）椒栽培对品种的要求是：①中晚熟，植株生长势强，结果期长，产量高。②果形、果实大小和颜色要符合市场的需求。目前，日光温室冬春茬辣（甜）椒主要是外销，栽培地销售量比较少，因此应选择适合外销地消费习惯的品种。③植株生长稳定。要求所用品种在高温、潮湿以及弱光条件下不发生徒长，以确保植株及时坐果。④花的密度大，成花率高，畸形花少。⑤较耐低温和弱光照。要求品种在低温和弱光照条件下能保持较强的坐果能力，不形成畸形果，果形端正，着色好，也不发生早衰。⑥抗病能力强。要求品种高抗辣（甜）椒炭疽病、病毒病、疫病等易发生的病害。

2. 育　苗

（1）播期的确定　从日光温室辣（甜）椒茬口衔接角度看，进入1月份后秋冬茬辣（甜）椒因受日光温室的保温能力、辣（甜）椒品种特性等因素的影响，植株的结果能力明显下降，产量降低，供应不足，而此期市场上的辣（甜）椒消费量却明显增加，为弥补秋冬茬辣（甜）椒供应量的不足，日光温室冬春茬辣（甜）椒应当在进入2月份后开始大量上市供应，因此，日光温室冬春茬辣（甜）椒的开始收获期应安排在1月上旬前后，由此推算日光温室冬春茬辣（甜）椒的适宜育苗时间为9月上旬。

（2）育苗应掌握的要点　冬春茬辣（甜）椒育苗期处在9月份，育苗环境比较适宜，但晴天中午时常出现高温，同时该时期非常适宜病毒病、白粉虱、伏蚜和茶黄螨等病虫害的发生，因此育苗的关键是避免晴天中午强光照射苗床，要杜绝白粉虱、蚜虫等病毒传播媒介进入育苗床内。具体应掌握以下5点：①晴天中午前后要用遮阳网对苗床进行遮荫，避免强光照射苗床。②用防虫网密封苗床，防止白粉虱、蚜虫等进入育苗床内。③采取嫁接育苗，减轻土传病害的发生。④采用穴盘育苗技术进行护根育苗，充分保护根系。⑤要定期喷药预防病害。一般从出苗开始，每周喷1次药，交替喷洒70％多菌灵800倍液、64％噁霜·锰锌800倍液、25％甲霜灵600倍液以及菌毒·吗啉胍400倍液等。

3. 定植　日光温室冬春茬辣（甜）椒必须做到施足基肥、造墒深耕、适期定植和遮光降温。日光温室冬春茬辣（甜）椒要过冷热两关，即育苗的高温关和盛果期的低温关，而足墒、足肥加深耕是其重要条件。

一般掌握每667平方米施腐熟鸡粪15立方米，施肥的原则是以粗肥为主、以化学肥料为辅。在6～7月份要将鲜鸡粪充分沤腐熟，捣3～4遍，9月上旬捣碎过筛后备用。9月中下旬要把日光温室地面打埝、造墒、大水浇透。10月上旬将鸡粪、化肥施入温室内，深翻40厘米，为使土肥充分混匀，随后再第二次深翻40厘米，准备定植。

定植期一般为10月中旬。垄距1.2米，一垄双行，株距0.35米，每667平方米定植2200～2300株。定植后浇透定植水，如果因为垄面不平造成浇水不匀，3～5天内浇缓苗水。原则上掌握浇足水，但不能过大；浇透水，必须浇匀。过5～7天后覆盖地膜保墒。地膜要用钢丝起好拱。首先，在温室前沿处横向固定一根钢丝，长度根据温室长度确定，钢丝两头用木桩固定好，然后在种植行北面固定一根钢丝，与前沿处的钢丝等长。这样种植行前端和后端就各有一根钢丝，最后在每个种植行中间纵向拉一根钢丝，与种植行等长，两端固定在前后两根钢丝上。这样，覆盖地膜后，地膜就不会再贴在地面上，而是留有 30 厘米左右的空间，让地膜充分发挥其保温、保湿的作用。

4. 定植后的管理

(1)环境调控　从幼苗 5 叶 1 心定植到结果初期正是高温、强光季节，温室内气温高、蒸发量大。土壤水分一旦缺乏，就会影响前期发苗。这段时期对幼苗的促控应掌握宁可幼苗有徒长趋势，也不能使生长受到抑制。开花坐果期前后要严格掌握好夜温。开花坐果期的适温为 16℃，低于 13℃植株只开花不坐果；坐果期温度长期低于 13℃，容易形成畸形果和柿饼子果(无籽果)。开花坐果期正值 11 月中下旬，只要适当早盖草苫，前半夜温度达到 17℃～19℃、后半夜达到 14℃～16℃是不难办到的，凌晨短时气温在 13℃较为适宜。1 月下旬至 2 月上旬为盛收期，也正是"数九寒天"。坐果后到采收阶段，管理的主要工作是尽可能地增温、保温和增加光照。这个季节要每天坚持清扫棚膜上的尘土，适当早盖草苫以保持夜间温度，尽量增加草苫数量以提高夜温。

(2)肥水管理　水是定植至坐果期的关键。土壤相对持水量应掌握在 75%～80%。一般浇 3 次水，即定植水、缓苗水和初果期浇水，以保持营养生长旺盛的势头，这样前期产量才有保证。在 12 月中下旬浇足膨果水后，一般低温期不浇水。

定植后 4～5 天，浇第一次缓苗水，连续中耕 2 次，深度约 7 厘米，近根处稍浅。中耕后蹲苗，以促进根系向纵深发展，此时如肥水过多，容易引起植株徒长，以后还容易造成落花落果。当门椒果实达到 2～3 厘米大小时，植株茎叶和花果同时生长，要及时浇水和追肥，每 667 平方米施腐熟人粪尿 500～1000 千克、硝酸铵或尿素15～25千克及5～l0千克钾肥，并及时中耕提高土壤保肥能力。辣(甜)椒要比其他茄果类喜肥、耐肥，应多追农家肥，增施磷、钾肥，以利丰产并提高果实品质。盛果期要随水追肥2～3次，以利于果实充分发育，防止落花落果。

(3)植株调整

①吊枝　吊枝时，可在后立柱上距地面2～2.2米处东西向固定一根10号铁丝，在前立柱近顶端东西向也固定一根10号铁丝，再按栽培行方向(南北向)每行固定一根16～18号铁丝，两端分别系在前、后立柱的铁丝上。吊枝要在植株高20厘米时进行，用聚丙烯塑料绳下部拴在植株茎上，上部系在顺南北栽培行扯的铁丝上。如果每株有3～4个果枝，应扯3～4条吊绳，每个果枝扯一条，目的是防止果枝折断和植株倒伏。无限生长型辣(甜)椒吊绳应扯高2米左右，矮生型辣(甜)椒扯高1.5米左右，亦可用细竹竿做南北向插架。

②整枝　主要有2杈整枝、2+1整枝、2+2整枝、3+1整枝、4干整枝等5种方式。

2杈整枝：去掉门椒后，植株仅保留2个长势旺盛的侧枝。在每个分枝处均保留1个果实，将其余长势相对较弱的侧枝和次一级侧枝全部去掉。这种整枝方式适于长期高架栽培或高温季节栽培采用，并且只能在那些长势很旺盛、坐果率高的品种上应用。

2+1整枝：该整枝方式与2杈整枝相似，不同点是在第一节分杈时保留1个坐住果的侧枝，并在果实上部保留2～4片叶后掐尖。以后随着植株的不断分杈需要不断地打杈，始终保持整个植株留有2个主要侧枝不断向上生长。该方式比2杈整枝多留了1个坐住果的侧枝，可稍微提高前期产量，并能适应长期高架栽培。

2+2整枝：去掉门椒后，当对椒坐住时在对椒上保留2个长势健壮的主要侧枝，其余2个相对较弱的次一级侧枝在坐住的果实上部留2～4片叶掐尖。以后不断进行打杈，始终保持整个植株留有2个枝条不断向上生长。这种整枝方式前期产量很高,但是中期果实会受到影响。

3+1整枝:去掉门椒后,当对椒坐住时保留3个长势健壮的主要侧枝,另外1个侧枝保留1个果实,果实上部留2～4片叶掐尖。以后及时去除侧枝,始终保留整株留3个主枝不断向上生长。该整枝方式单株结果数较多,但如果肥水管理跟不上容易出现果实偏小和畸形果。因此,生产上如果采用此方法必须严格肥水管理,以保证果实正常膨大和着色均匀。

4干整枝:去掉门椒后,在对椒上面保留4个健壮枝条,使其不断生长,其余次一级侧枝均掐掉。这种方式比3+1整枝留果更多,更容易出现畸形果和小果。因此,采用这种整枝方式肥水管理一定要跟上。

③疏果　辣(甜)椒越冬生长因地温、气温偏低,生长势减弱,大部分种植户为提早上市,由于担心植株旺长,所以门椒、对椒一起保留,加上四门斗椒成簇抱团,营养物质过度供应下部果实,导致中上部坐不住果,果形不周正,严重地影响了中后期果实的产量和品质。因此,应摘去门椒,对椒也可摘去或保留一个,四门斗椒保留4～6个。疏果时先疏扁平果、畸形果、虫果和伤病果,以协调植株上下部的结果,合理分配营养物质,提高果实产量和品质。

此外,不少菜农对畸形果的存在认识不足,实际上辣(甜)椒植株保留畸形果实只能消耗养分而生产残次果,应坚决改变这一不良习惯,及早摘除畸形果。

(4)保花保果　保护地内高温高湿状况往往是造成辣(甜)椒落花落果的主要原因,因此温室栽辣(甜)椒花期要适当增加通风量,降低湿度,控制温度,白天温度以16℃～23℃、夜间以15℃～17℃为宜。此外,可以用植物生长调节剂蘸花或喷施,对温室内辣(甜)椒生长期间保花保果有重要作用。用40～45毫克/千克生长素番茄灵水溶液喷花,可提高坐果率。或用15～20毫克/千克2,

4-D水溶液抹花。为防止重复蘸液，可在2，4-D水溶液中加入少量食品红做标志。用2，4-D水溶液抹花最好在上午10时前进行，时间太晚效果不好。还可在辣（甜）椒开花期喷用矮壮素4000～5000倍液，开花前后喷洒30～50毫克/千克增产灵（4-碘苯氧基乙酸）溶液，共喷3次。

（5）彩椒转色期的特殊管理　提高白天棚温，以促转色。五彩椒果实近成熟时，内部的有机物发生转变，如糖含量增加、有机酸减少、果面开始转色等。其色泽变化对于彩椒的价格影响较大。转色期通过早盖草苫（下午棚温降至23℃时），温室内白天温度控制在28℃～32℃，夜间温度控制在18℃～23℃，果实的内源激素（乙烯）量增加，同时果皮中的叶绿素加速分解，核黄素（类胡萝卜素）合成增加，表现在绿转黄的速度加快。

用乙烯利处理椒果，也能促进果实提早成熟与转色。乙烯利为人工合成的植物生长调节剂，可以分解放出乙烯，果实涂抹乙烯利，就能达到催熟和着色的效果。广大菜农可配制40%乙烯利400～600毫克/千克溶液，用毛巾或手套等浸蘸溶液后逐个涂抹接近成熟的椒果，催熟与转色效果明显。涂抹时要注意以下两点：一是尽量避免喷施乙烯利，防止喷到叶片上造成叶片衰老变黄。二是由于市面上销售的乙烯利产品各异，故菜农应用时要小心谨慎，先选点试验，然后再全面使用，浓度宁低勿高，以免造成植株早衰。

5. 冬季保护地中增加光照的措施　在光照时间短、强度低的冬春季节，使保护地内多接受阳光照射，对提高辣（甜）椒的产量和品质具有重要作用。其具体措施有以下几项。

（1）合理布局　定植辣（甜）椒时力求秧苗大小一致，使植株生长整齐，减少植株间的相互遮光；要南北向做畦定植，使之尽量多接受阳光照射。

（2）保持棚膜洁净　棚膜上的水滴、碎草、尘土等杂物会使透光率下降30%左右。新薄膜随着使用时间的延长，温室内光照会逐渐减弱。因此，要经常清扫，以增加棚膜的透明度。下雪天还应及时清扫积雪。

(3)选用无滴薄膜　无滴薄膜在生产的配方中加入了几种表面活性剂，使水分子随薄膜面流入地面而无水滴产生。选用无滴薄膜扣棚，可增加温室内的光照强度，提高棚温。

(4)合理揭盖草苫　在保证辣(甜)椒生长所需要的适宜温度的前提下，适当早揭和晚盖草苫，可延长光照时间，增强光照度。一般日出后0.5～1小时揭草苫、太阳落山前半小时盖草苫比较适宜。特别是在时阴时晴的阴雨天里，也要适当揭草苫，以充分利用太阳的散射光。有条件的地方，可安装电动卷帘机揭盖草苫，以缩短揭盖时间，增加温室内的光照。

(5)张挂反光幕　用宽2米、长3米的镀铝膜反光幕挂在温室内北侧并垂直于地面，可使地面增光40%左右，棚温提高3℃～4℃。此外，在地面铺设银灰色地膜也能增加植株间的光照强度。

(6)搞好植株调整　及时进行整枝、打杈、吊架、打老叶等田间管理，改善温室内通风透光条件。

六、大跨度半地下日光温室菜豆高产栽培技术

(一)冬春茬

冬春茬菜豆苗期处于低温期，光照逐渐增强，温度比较适宜，菜豆产量最高，经济效益比较可观。

1. 品种选择　选择适于日光温室栽培的耐低温、耐弱光、高产优质的蔓生品种，如绿龙、绿丰等。

2. 培育壮苗　冬春茬菜豆，11月下旬至12月上旬播种育苗，3月上旬至5月下旬收获。要想取得冬春茬菜豆的优质高产，关

键在于使菜豆植株在低温期之前完成营养生长，在低温期缓慢进行开花、结荚的生殖生长，这样早春外界气温回升时产品即大量上市，可获得较高的产量和经济效益。播种期的早晚关系到总产量的高低，据观察，播种期早，前期营养生长速度快，植株过早进入结荚盛期，此时正值低温寡照，由于营养供求矛盾较大，很容易造成植株老化而降低产量；播种期晚，低温到来之际，营养生长还没有完成，虽然减少了植株的营养生长量，易早开花结荚，但很易形成小老苗，待到早春光照、气温适宜时，也无法达到预期的结荚盛期。因此，适时播种是取得优质高产的重要因素。

播种前要晒种1～2天，以提高发芽势和发芽整齐度。将选好的种子放入25℃～30℃的温水中，浸泡2小时，然后捞出催芽。为避免烂种，须采取湿土催芽，即育苗钵底铺一层薄膜，而后在其上撒5～6厘米厚的细土，用水淋湿，将种子均匀地播在细土上，再覆盖1～2厘米厚的细土，然后盖薄膜保温保湿。在20℃～25℃的条件下，约3天可出芽。出芽后采用营养钵育苗，在芽长1厘米长时播种，每钵播2粒发芽的种子，播后盖2厘米厚的湿润细土，土温保持在18℃～20℃，播种后苗床覆盖塑料薄膜。苗床白天温度控制在20℃～25℃，夜间控制在15℃～18℃。如果发现幼苗徒长时，应降低床温，并控制浇水。播种后25天左右，幼苗长出第二复叶时定植。

3. 定植 日光温室冬春茬菜豆生产应提早至9月中下旬整地。在冬季低温寡照时期，菜豆的生长发育环境比较低劣，为增加土壤冬春季节的通透性，更应多施有机肥。每667平方米撒施腐熟有机肥5000～10800千克，然后深翻30厘米，提早将有机肥施入土中。整地时，再将粪土混匀。菜豆定植时，在每两个定植垄间开一道15～20厘米深的沟，每667平方米施三元复合肥40千克，同时顺沟灌底水，待水渗下后顺沟起垄。栽苗时，每两株苗之间再点施一小撮磷酸二铵，每667平方米约施30千克。

蔓生菜豆一般采用高垄畦栽培，垄宽25厘米、高15厘米、垄距65厘米。垄栽时做成垄宽40厘米、垄高10厘米、垄沟宽30～40厘米。

菜豆苗龄达到25天时即可带坨定植。选晴天定植，每垄种2行，每穴栽2株，穴距28～30厘米。每穴灌50%多菌灵500倍液150～200毫升。栽完后覆盖地膜，并开孔把苗子引出膜外。

4. 定植后的管理

(1)温度管理　冬春茬菜豆花期棚温过高或遇连阴天气是造成落花落荚的主要原因，因此在冬春茬菜豆管理上应以温度为菜豆管理的主线，根据菜豆的生物学特性，合理调控温室内的温度。菜豆定植后的温度管理可分三段进行管理，即开花前白天棚温可控制在25℃～30℃，保持较高的温度，促进茎蔓发育；开花期白天棚温可控制在24℃～28℃，菜豆花期需求的温度应偏高些，但不能超过30℃，若超过30℃就会因花芽分化不良而落花；结荚期可提高棚温，白天棚温控制在25℃～30℃，以利于果实和茎蔓的发育。

连续阴雨雪天是造成春茬菜豆落花落荚最关键的因素。连续阴雨超过4天，花荚不保，此时管理的主线更是尽可能地提高棚温，以确保植株不受冻害；若连续阴雨天气低于4天，合理管理可保花保荚。生产中若遇连续阴雨天气，应通过设置“棚中棚”等措施提高棚温，以达到保花保荚保棵的目的。

(2)肥水管理

①浇水　播种底墒充足时，从播种出苗到第一花序嫩荚坐住，要进行多次中耕松土，以促进根系、叶片健壮生长，防止幼苗徒长。如遇干旱，可在抽蔓前浇水1次，浇水后及时中耕松土。从第一花序嫩荚坐住后开始浇水，以后应保证有较充足的水分供应。浇水应注意避开盛花期，以防止造成大量落花落荚而引起减产。扣膜前外界气温高时，应在早晚浇水；扣膜前外界气温较低，应选择晴

天中午前浇水，浇水后及时通风，排出湿气，防止夜间室内结露引起病害发生。寒冬为了防止浇水降低地温，应尽量少浇水，只要土壤湿润即不要浇水，浇水时要浇温水。一般在2月份后气温开始升高时，可逐渐增加浇水次数。

②追肥　每一花序嫩荚坐住后，结合浇水每667平方米追施硫酸铵15～20千克或尿素5千克，配施磷酸二氢钾1千克，或施入稀人粪尿1000千克，以后根据植株生长情况结合防治病虫害时进行追肥，叶面肥可选用0.2%尿素、0.3%磷酸二氢钾、0.08%钼酸铵等，均可起到提高坐荚率、增加产量和改善品质的作用。

为了争取菜豆的优质高产，在肥水管理上要注意以下3点：①花前补硼。很多菜农都采取在菜豆花期补施硼肥的办法，以此提高菜豆的开花坐荚率。其实花期补硼时间有些晚，不能发挥出应有的效果，应把硼肥施在菜豆开花前，可在菜豆上架后每667平方米每次冲施硼砂1～2千克，也可用硼酸1500倍液做叶面喷洒。②花期控水。控水应有度，切不可控过了头，因为过度控水将使土壤过分干旱而导致落花落荚。因此，为使菜豆花期土壤不至于太干旱，可在菜豆临开花前浇一次水。如开花期土壤过于干旱，也可适当浇一次小水。总之，菜豆花期土壤要保持干而不旱的状态，这样最有利于菜豆开花坐荚。③花后补钾。菜豆开花坐荚后，需肥量逐渐加大，尤其是需要大量的钾元素。可在菜豆开花坐荚后，每667平方米每次冲施高钾复合肥25千克或钾肥8千克。

(3)植株调整

①控制徒长　在幼苗具有3～4片真叶期，叶面喷施15毫克/千克多效唑可湿性粉剂液，可有效地防止或控制植株徒长，提高单株结荚率20%左右。扣棚后如有徒长现象，可再喷一次同样浓度的多效唑。开花期叶面喷施10～25毫克/千克萘乙酸液及0.08%硼酸液，可防止菜豆落花落荚。

②吊蔓　当植株开始抽蔓时，要用尼龙绳吊蔓；植株长到近棚

顶时，可进行落蔓、盘蔓，以延长采收期，提高产量。落蔓前应将下部老叶摘除并带出温室外，而后将摘除老叶的茎蔓部分连同吊蔓绳一起盘于根部周围，使整个温室内的植株生长点均匀地分布在一个南低北高的倾斜面上。

5. 采收 越冬茬栽培中，以元旦前和春节前的价格最高。因此，应尽量集中在这两个时间采收，并注意适时采收，切忌收获过晚使豆荚老化而降低产品质量。

6. 科学施用硼肥 菜豆落花落荚一直是困扰菜豆高产的一个难题，而缺硼则是导致菜豆落花落荚的主要原因之一。很多菜农都知道，补硼能提高菜豆的开花坐荚率，但多数菜农都把补硼安排在开花期。

花期补硼达不到理想的效果，菜豆花期补硼并不科学。菜豆缺乏硼会严重影响花芽分化，但花芽分化从菜豆幼苗期就开始了，在花期喷硼后不能解决菜豆前期缺硼造成的花芽分化差的问题，况且花期喷硼肥时，硼肥溶液容易把花柱头喷湿，将直接影响菜豆授粉，更容易导致落花落荚。因此，从菜豆定植缓苗后就应该开始补硼，以满足花芽分化的需要，增加花粉数量，促进花粉粒萌发和花粉管生长，以提高菜豆开花坐荚率。为了从根本上解决菜豆缺硼的问题，应该在施基肥时补足硼肥，每 667 平方米施硼砂 2 千克；追肥时在缓苗后喷施硼砂 600 倍液或硼酸 1200～1500 倍液，每隔 15 天喷施一次，连续喷施 2～3 次，效果较好。此外，土壤过于干旱会导致植株根系吸肥能力受阻，所以在菜豆生长期要注意及时浇水保持土壤湿润。

(二)早春茬

黄河流域地区 2 月上旬至 3 月上旬育苗，3 月下旬定植，4 月下旬至 6 月上旬收获。山东以北地区育苗、定植时间应陆续向后推迟。

1. 品种选择　宜选择早熟、丰产、抗病、商品性及耐寒性较好的蔓生型品种。

2. 培育壮苗　山东从2月中下旬至3月上中旬在日光温室内加扣小拱棚育苗。

(1)营养土配制　可选肥沃生茬园土和充分腐熟的鸡粪或羊粪(土粪比为6∶4)配制成营养土,过筛后每立方米营养土中加入过磷酸钙2.5千克、硫酸钾1.5千克或草木灰10千克、磷酸二铵2千克、辛硫磷100克,充分调匀后备用。

(2)种子处理　播前选晴天晒种2～3天使种子含水量一致,以利于整齐出苗。而后用55℃温水浸种15分钟,并不断搅拌,待水温降至30℃时浸种4～6小时再用0.1%高锰酸钾或10%磷酸三钠溶液浸种15分钟,用清水冲洗干净,捞出沥干后用湿纱布包好放在28℃～30℃条件下催芽,种子露白后即可选晴天上午播种。

(3)播种育苗　可选用径高10厘米×10厘米营养钵播种。播前床内灌足底水,待水完全下渗后再播种,每钵点播种子3～4粒,每667平方米用种量为3～4千克。播后覆土1.5～2厘米厚,再覆盖小拱棚,温室内白天温度保持25℃～30℃,夜间保持18℃～20℃,床内地温保持15℃以上。若地温不足,床内地表可覆盖地膜,夜间拱棚上加盖草苫或保温被。出苗后及时揭去地膜,以防止幼苗徒长或由于白天温度过高而导致子叶被灼伤。当幼苗子叶展平后,白天保持18℃～20℃,夜间保持10℃～15℃。当对生叶充分展开、第一真叶出现后,为促进根、茎、叶生长和花芽分花,应适当提高温度,白天保持20℃～25℃,夜间保持15℃～20℃。定植前一周进行幼苗锻炼,白天保持15℃～20℃,夜间保持10℃～15℃。

3. 定　植

(1)定植前的准备　定植前15日维修好温室,并清除温室内的残枝败叶，浇足底水，每667平方米施优质腐熟农家肥5000千克、三元复合肥50千克、过磷酸钙50千克、硫酸钾40千克、菌虫净1.5千克，用农家肥与化肥充分混合后撒入温室，深翻两遍。南北向起垄，垄宽70厘米，垄高20厘米，垄间沟宽50厘米，每垄中间挖深10～15厘米浅沟作为浇水沟。

(2)施用菌肥防止“红根”　“红根”是菜农对菜豆根部病害的一种统称。“红根”发生后常造成植株萎蔫死亡。造成“红根”的主要原因有生理性伤根、炭疽病和疫霉根腐病。针对灌根防病难的问题，应重视菌肥的应用。菌肥施入土壤后大量繁殖形成有益菌群，从而改善了根际环境，抑制了土传病害的侵染，同时菌肥还能促进菜豆生新根，增强根系的抗病抗逆能力，是预防菜豆发生“红根”造成死棵的理想方法。定植前每667平方米温室可穴施或沟施优质菌肥(如激抗菌968肥)60～80千克，采用以菌抑菌的方法预防根部病害。

(3) 定植　山东定植时间为3月中旬至4月中下旬。当幼苗具6～8片真叶、苗龄为35～40天、温室内地温稳定在10℃以上时，选晴天上午定植。定植时穴距为25～30厘米，每667平方米保苗3300～4000穴，每穴保留壮苗2株，先栽苗后浇水，水下渗后培土，覆盖地膜，并把苗引出膜外。定植当日傍晚用香油炒熟谷子或小米，再拌上敌百虫或辛硫磷，撒于温室内大小行间，以诱杀蝼蛄，防止其咬苗。

4. 定植后的管理

(1)温度管理　定植后的5～7天为缓苗期，由于当时外界气温较低，管理上应以增温保温为主，以促进缓苗。白天保持25℃～30℃，夜间保持15℃～20℃；缓苗后适当降温，白天保持15℃～25℃，夜间保持12℃～15℃，严防幼苗徒长。抽蔓期白天保持22℃～28℃，夜间保持15℃～20℃。当菜豆进入开花结荚期，应适当降低白天温度，以促进结荚，白天温度以22℃～26℃、夜间以 15℃～20℃为宜。菜豆进入结荚盛期后，由于外界气温不断升高，要加大通风量，严防温室内出现高温而造成落花。

(2)光照管理　要及时清洁棚膜，做到早揭晚盖草苫，尽量多见光。如遇连阴雨雪天，在天放晴后要缓慢揭草苫或采用“揭花帘”等措施，严防升温过快而导致植株萎蔫。

(3)吊蔓整枝　在每行菜豆上方拉一道 14 号铁丝，用专用吊绳上部系于铁丝，下部系于菜豆基部。在植株生长中后期及时打去中下部病叶和老黄叶，改善通风透光条件。当菜豆长至 1.8～2 米时，要打掉菜豆主头，促进其分生侧枝。如植株生长过旺，要不间断地抹去过多的分杈，防止形成“伞形帽”而影响光照及中后期产量。

(4)肥水管理　从缓苗到开花结荚前要严格控制浇水，防止植株徒长。浇定植水后，隔几天再浇 1 次缓苗水，以后严格控制浇水。可中耕 2～3 次，以加强土壤的透气性，起到保墒作用。中耕时防止伤根并结合培土。当植株抽蔓时结合吊架浇 1 次小水，开花期不宜浇水，等荚坐住一大部分时再浇 1 次大水。

为了提高产量，结合浇水追施一定量的化肥。菜豆的根瘤不十分发达，固氮能力弱，需追施少量氮素化肥。一般第一次追肥宜在花前施，浇水时每 667 平方米冲施人粪尿 2000 千克或尿素 10～15 千克；结荚期追施 1 次重肥，每 667 平方米追施三元复合肥 20～30 千克，以满足植株对营养的需求。每采收 1 次结合浇水追施 1 次肥料，每 667 平方米施尿素 10～15 千克。根据情况补充一些叶面肥，效果会更明显。如用 0.01%的钼酸铵加 1%葡萄糖或 1 毫克/千克的维生素 B_1 溶液喷洒，可提高菜豆的产量。当蔓生长达到棚膜时，及时打顶，转移营养促进结荚。

5. 适时采收　要根据品种特征、特性适期采收。一般在花后 15～20 天，当菜豆由细变粗，豆粒略显，荚大且嫩，达到本品种应有的长度时即可采收。如过晚采收，菜豆品质下降且影响以后的产量。采收时要避免伤花、伤蔓。

6. 促进早春茬菜豆“二次结荚”　日光温室早春茬菜豆能早熟，采收期较短，一般只有40余天。若管理得当，果荚采收后枝叶仍很茂盛。为了延长日光温室菜豆的采收期，提高菜豆产量，可采取相应措施，促进二次结荚。在第一茬荚果采收后，不要拉秧；清除田间杂草，去掉植株上的老叶，喷药防病；重施一次肥，一般每667平方米施尿素25千克，连浇2次水，促使植株抽生新的枝芽和花序，促使二次结荚。此时外界气温适宜菜豆的正常生长，可去掉棚膜，使菜豆的通风、透光条件进一步改善，这时菜豆的叶面积指数大、生长速度很快，能充分发挥生产潜力。第二次结荚在各种条件都较优越的前提下，菜豆品质优于前茬，果荚肥大，产量较高，可比一次结荚提高产量15%以上，采收期可延长30多天。但采用二次结荚技术时，需保证植株生长后期茎叶茂盛、健壮无病害，否则，二次结荚的效果不明显，还不如拉秧改茬。

(三)越夏茬

该茬口多是为充分利用6～10月份日光温室闲置期而进行生产的。这一时期温度高、光照强，加之烟粉虱、白粉虱、美洲斑潜蝇等害虫为害非常严重，不适宜菜豆正常生长，必须配合使用遮阳网、防虫网等辅助设施，才能进行越夏茬菜豆生产。

1. 品种选择　应选择既耐高温又抗锈病的品种。一般选用潍坊地方品种老来少，也可用泰国菜豆王。

2. 播种方式　一般在6月上旬上茬拉秧结束后直接播种。此期应选用宽行密植，以便于通风透光。按株行距25厘米×65厘米穴播，每穴播2～3粒种子。最好在浇水后第三天播种，播前种子一定要拌激抗菌863菌剂1000倍液，以防治根腐病。播种后培小土包，以保湿防干。待一周后出苗率达80%时，浇小水以保苗全苗齐。

3. 田间管理

(1)结荚前期的管理

①调节温湿度　棚膜除顶膜外，温室前裙膜和顶风口应尽量打开以利于通风降温，同时顶膜之上覆盖遮阳网，前裙膜处和顶风口覆盖防虫网。此时棚膜和遮阳网有遮阳的作用，温室内温度相对低些。注意一定要固定好棚膜，防止大风把膜吹坏。此时须控制好湿度蹲好苗；浇水后马上中耕除草，中耕要深锄以利于断根防止徒长。此后一般不浇水，如果下午 2 时菜豆叶萎蔫时应浇小水，防止控水过度而影响正常生长。

②适时掐尖　菜豆生长期如遇高温极易徒长，节间拉长，易使秧苗细弱，这时要注意适时掐尖。当第三组叶片形成时，将上方生长点掐掉，一般在秧苗长到 80 厘米左右时掐尖。掐尖后由于营养生长回缩使枝蔓长得很粗壮，很快在下部节间长出杈子，生出结果枝组，植株结构得以调整，能早开花、多结荚。另外，也可用矮丰灵(有效成分为对氯苯氧乙酸、2-氯乙基三甲基氯化铵)600 倍液浇根进行控制，使菜豆秧苗粗壮，促进侧枝萌生，因而起到了控制徒长的作用。

(2)结荚期的管理

①防止落花落荚　夏季菜豆开花忌高温多雨，高温多雨将导致菜豆落花落荚，只长秧子不结荚而造成歉收。在日光温室中种植菜豆虽能克服这一缺点，但也要注意调控好温度和湿度。如空气相对湿度低于 75%时易造成落花落荚，应在控制土壤湿度的同时，于上午 9 时向植株喷水以降低温度和增加空气湿度。此外，可用防落素 10 毫升加水 2 升，装入小喷雾器喷花，效果良好。当温室内过于干燥时，可浇小水以利于开花坐荚。

②加强肥水管理　当第一茬豆荚大部分长到 2～3 厘米长时，表明豆荚基本已坐住，此时可浇 1 次透水，每 667 平方米随水追施磷酸二氢钾 10 千克。每摘 1 次商品荚后，要浇 1 次水。并应隔水

追肥，用磷酸二氢钾和人粪尿交替施用。

③封住生长点　当菜豆秧接近棚顶时，要控制住上部疯秧现象。当菜豆秧距棚面约20厘米时，把生长点去掉，否则会使上部呈郁闭状态，致使植株生长不良。

④及时“翻花”　在菜豆生长后期，其根系活力下降，枝条花荚消耗大量养分，此时要及时剪除部分老叶、病叶、茎叶和枝蔓，并及时追肥、浇水。剪叶部位以中下部为主，剪枝蔓以上部为主，枝蔓剪除长度为30～40厘米，不可剪得太重。

(3)病虫害防治　加强对钻心虫、锈病和炭疽病的防治。可用2.5%溴氰菊酯乳油2000倍液或2.5%联苯菊酯乳油2500倍液防治钻心虫。锈病发病初期可选用25%三唑酮可湿性粉剂2000倍液，或75%百菌清可湿性粉剂+70%代森锰锌可湿性粉剂(1：1)800～1000倍液，或70%多菌灵可湿性粉剂1000倍液喷洒3～4次，每隔7～10天喷1次，各种药交替喷施，并喷匀喷足。防治炭疽病，可用70%代森锰锌可湿性粉剂500倍液，或80%福美双可湿性粉剂500倍液，或70%甲基硫菌灵可湿性粉剂800倍液加75%百菌清可湿性粉剂800倍液喷洒，一般每隔5～7天喷1次，连喷2～3次。喷药时注意叶背、叶面都要喷到。

4. 越夏菜豆高产经验

(1)花前要补硼　菜豆要想开花坐荚好，硼肥离不了。不少菜农都采取在花期补硼的办法，以此来提高菜豆的开花坐荚率。实际上花期补硼时间有些晚，不能发挥出应有的效果，应把硼肥补在菜豆开花前。应在菜豆上架后每667平方米每次冲施硼砂1～2千克，也可用硼酸1500倍液做叶面喷洒，这样才能收到显著的效果。

(2)花期要控水　菜农普遍都知道“干花湿荚”的道理，但控水应有度，不要控过了头。因为控水过度会使土壤过分干旱而导致菜豆落花落荚。因此，为使菜豆花期土壤不至于太干旱，可在菜豆临开花前浇1次水。如开花期土壤过于干旱，也可适当浇1次小水。总之，菜豆花期土壤要保持干而不旱的状态，才最适宜菜豆开花坐荚。

（3）花谢要拾花　菜豆残花易感染灰霉病，因此每当花谢后都要摇一遍菜豆架，把残花摇落，对摇不落的残花，一定要逐个摘下来。实践证明，拾花是防治菜豆灰霉病的一项重要措施。

（4）花后要补钾　菜豆开花坐荚后需肥量逐渐加大，尤其需要大量的钾元素。因此，菜豆开花坐荚后每667平方米每次冲施高钾复合肥25千克或钾肥8千克，以满足菜豆膨荚所需，才能提高菜豆产量。

（四）秋冬茬

秋冬茬菜豆9月上旬播种，10月下旬至翌年1月下旬收获。该茬菜豆前期温度光照还比较适宜时完成开花坐荚过程，在低温来临期菜豆荚果生长缓慢，恰好到春节前采收上市。

1. 品种选择　选用抗病性和抗逆性强、分枝少、以主蔓结荚为主、结荚集中、单荚重、产量高、纤维少、品质好的品种。同时，也要考虑消费地区群众的食用爱好习惯。

2. 直播　秋冬菜豆播种时气温、地温均比较适宜，生长速度很快。菜豆的特性是在适宜的地温和气温环境条件下，有利于主蔓生长，分化的侧枝少，高产栽培应适当增加栽培密度。

菜豆秋延后栽培，幼苗在气温、地温较高的情况下生长迅速，根、茎、叶同时发展，幼苗期很短，育苗移栽相应增加了劳动用工，而且时间较紧迫。在气温、地温高的情况下，幼苗缓苗迟缓。此外，育苗栽培的长势弱，较难栽培壮株争取高产，当前多以直播为好。

由于菜豆的根瘤菌不太发达，所以播种前需用根瘤菌拌种，以提高菜豆根系固氮能力，具体做法是：每667平方米需种子4～5

千克，加入根瘤菌粉 50 克拌种。先用 55℃的热水烫种 15 分钟，捞出后放在冷凉水中淘洗一下，把根瘤菌粉剂均匀地拌在种子上，拌后不要在太阳下暴晒，稍晾后即可播种。由于秋季菜豆分枝少，种植密度应在 4000 穴以上，每穴不少于 3 株。播种时要平整地面。干旱时先按宽行 60 厘米、窄行 50 厘米开沟浇水，把种子播在沟沿半坡处，穴距 30 厘米左右。播种后趁墒封沟，在种子上盖土厚度 4～5 厘米，播种后，用菜耙子搂平即可。墒情好的，可挖穴播种。

菜豆不论是沟播或穴播，在播种时苗距基本确定，如果出现缺苗，必然影响产量。在绝大多数幼苗子叶展开时，尚未出土的种子势必质量差劣，即使后来出土也失去价值，这时就要及时补苗。

为使后来播补的菜豆与先播的幼苗生长势接近，重新补种新种子为时已晚。因此，要在播种时，另设一小块苗床，用营养钵育苗。补苗时在空穴上挖深 10 厘米的坑，浇水栽苗，或栽苗后浇水，等水渗下时封坑。补苗越早，苗的整齐度越高。此外要防止地下害虫的为害。为充分利用日光温室空间，可在日光温室北墙根处种 1 行菜豆。

3. 田间管理

(1)轻控重促　秋冬茬栽培的气候特点是前期光照条件好，温度比较适宜，随着时间的推迟，光照条件和温度条件越来越差。所以，前期要充分利用有利的光照、温度条件，轻控重促，待营养生长基本完成后，气温随着下降，植株的营养生长自然受到抑制，很难出现继续旺长的现象，此时要抓好肥水管理，促进产量形成，才能达到高产。

(2)合理整枝　植株开始抽蔓时，要用尼龙绳吊蔓，当蔓长到距棚顶 20 厘米时摘心，促使植株的营养输送向生殖生长方面转移。侧蔓留 2～3 叶打顶，以促进花序的抽生。待植株长到近棚顶时，可进行落蔓、盘蔓，以延长采收期，提高产量；落蔓前应将下部老叶摘除并带出温室外，而后将摘除老叶的茎蔓部分连同吊蔓绳一起盘于根部周围，使整个温室内的植株生长点均匀地分布在一个南低北高的倾斜面上。整枝时摘除病叶和病荚。

(3)肥水管理要及时　菜豆秋冬茬栽培的营养生长和生殖生长都比较集中，肥水要充分保障才能夺得高产。一般在抽蔓时浇1次小水，追少量化肥，每667平方米施尿素10～15千克。打顶前浇水时冲施1次重肥，每667平方米施尿素25～30千克。让植株能得到充足的营养物质，以满足生长期的需要，才能有效地提高产量。

(4)扣膜时间的确定　日光温室菜豆秋冬茬栽培扣膜的时间早晚应根据两方面情况确定：一是根据菜豆植株大小确定早扣膜或晚扣膜。如播期适宜，生长速度快，植株强壮，可在温度下降时再扣膜；播种晚，植株矮小，为了充分利用当时的光照条件，需提高温度，让植株快速生长，可提早扣膜，以控制适宜的温度，加速菜豆的生长。二是根据外界气温下降情况决定扣膜的早晚，一般在最低温度达到4℃～5℃、不适宜菜豆的生长时就要及时扣膜。

扣膜前对棚膜要做好全面的检查和维修，检查拱杆是否有毛刺、裂口，以防止挂破农膜；检查菜豆支架是否超出棚面，过高的应及时调低；检查温室墙体是否牢固、压膜线是否够数、温室前膜地面上有无尖棱之物等，待检查所有设施、用具符合要求后，利用无风的晴天早上或下午及时覆盖棚膜。

(5)扣棚后的管理　扣棚初期要让菜豆有一个适应的过程，温度不宜升得太快、太高，一般白天可大量通风，适当提高夜间的温度，天黑后盖好通风口。经过5～7天后，植株基本已适应温室条件，白天温度保持25℃～28℃，夜间保持15℃～17℃。浇水追肥后，要加大通风量以降低温室内的湿度，防止病害发生。

(6)合理采用化控技术　对秋冬茬菜豆喷施甲哌鎓，能有效地促进花芽分化，使其早开花，多结荚，从而提高产量。具体做法是：

当苗高30厘米时，用100毫克/千克甲哌鎓和0.2%磷酸二氢钾溶液混合均匀后喷雾；当苗高50厘米时，用200毫克/千克甲哌鎓和0.2%尿素溶液混合均匀后喷雾；当苗高70厘米时，用200毫克/千克甲哌鎓和0.2%磷酸二氮钾混合液连续喷施2～3次。每次喷施时间最好安排在晴天上午。

4. 采收 根据市场需求情况决定采收时间。一般秋冬茬菜豆上市时市场价格逐日攀升，特别是节假日市场销量倍增。但菜豆生长速度随着时间推移一天比一天慢，为了取得较好的产量，秋冬茬采收和春季大不一样，多以大荚为主，能拖延采收的就尽量延后，如能在节假日采收上市，其效益更好。

5. 科学贮藏增效益 做好菜豆短时间贮存工作，可明显提高效益。具体贮存方法是：在大水缸里装入20升水，水上架木箅帘，把豆荚排放箅帘上，放平后盖一块农膜，保持5℃左右的温度，可贮存10～15天，这样可增加收益50%以上。还可用硅窗塑料保鲜袋贮存，每袋可贮存20～25千克，效果很好。

（五）越冬茬

越冬茬菜豆在9月下旬或10月上旬播种，11月下旬至翌年3月下旬收获。该茬温度条件差，光照弱，栽培密度较小，产量较低，但产品价格较高，经济效益较好。

1. 品种选择 菜豆越冬茬栽培应选择耐低温、耐弱光、结荚节位低、产量高的品种，如绿龙、丰收1号、棚菜豆2号、老来少等品种。

2. 培育壮苗 越冬茬菜豆栽培的适宜播种期为9月下旬至10月上旬，播前晒种1～2天，以提高发芽势和发芽整齐度。将选好的种子放入25℃～30℃的温水中浸泡2小时后捞出催芽。为避免烂种，须采取湿土催芽，即在育苗盒底铺一层薄膜，其上撒5～6厘米厚的细土，用水淋湿，将种子均匀播在细土上，再覆盖

1～2厘米厚的细土，而后盖薄膜保温保湿。在20℃～25℃的条件下，约3天即可出芽。出芽后采用营养钵育苗，在芽长1厘米时播种，每钵播2粒发芽的种子，播后盖2厘米厚的湿润细土，播种后苗床覆盖塑料薄膜，保持地温18℃～20℃。苗床白天温度控制在20℃～25℃，夜间15℃～18℃。若发现幼苗徒长时，应降低床温，并控制浇水。播种后25天左右，在幼苗长出第二片复叶时定植。

3. 定 植

(1)施肥、整地和做畦　定植前施足基肥，一般每667平方米施用腐熟有机肥3～5立方米、过磷酸钙30～50千克、硫酸钾5～10千克(菜豆不耐碱，对氯离子敏感，不能用盐碱土配床土，因其含氯离子多)。也可在施用有机肥的基础上施用三元复合肥20～30千克，将肥料撒匀，深翻地30厘米，耙细整平后南北向做成1.2～1.3米宽的平畦，扣棚膜高温闷棚3～4天。

(2)定植　选晴天栽植，每畦栽2行，穴距25～30厘米，每穴栽2株，每667平方米栽植6800～7500株。开沟行水稳苗栽植，或采用开穴点浇(水)栽植。定植后整平畦面，覆盖地膜。

4. 定植后的管理

(1)前期管理　菜豆定植后前期适当控制浇水，以促进根系和茎叶生长。为促进菜豆花芽分化，白天保持棚温20℃～25℃，夜间保持12℃～15℃。当白天气温超过25℃时，要及时通风。

(2)抽蔓期管理　菜豆抽蔓期追施1次速效氮素化肥，每667平方米施尿素10～15千克；追肥后浇1次水，接近开花时要控制浇水，做到浇荚不浇花。为防止菜豆茎蔓互相缠绕和倒伏，要及时搭架。日光温室栽培宜用吊绳进行吊蔓栽培。

(3)开花结荚期管理　在菜豆开花结荚期间白天温室内气温要保持20℃～27℃，夜间保持15℃～18℃。草苫要早揭晚盖，尽量使植株多见光，延长见光时间。当嫩荚坐住后，每667平方米结合浇攻荚水，冲施尿素5～10千克、硫酸钾10～20千克或三元复合肥20～30千克。第一批豆荚采收后即再追施尿素5～10千克或三元复合肥10～15千克。以后每采收2次追施1次速效肥，每667平方米追施磷酸二铵或三元复合肥20千克。或用速效化肥与腐熟人粪尿交替追施。每次追肥后随即浇水。一般7天左右采收1次。早春阴雨天时，要注意使植株多见散射光，并坚持在中午通小风。久阴初晴时，为防止叶片灼伤，要适当遮荫，待植株适应后再大量见光。

(4)立柱状整枝　改菜豆伞形整枝为立柱状整枝，将株形整成立柱状，有利于开花结荚和连续结荚，改变以往伞形整枝只从顶部拿产量的做法，从而提高菜豆产量。其具体操作如下：当植株长到离上部钢丝20厘米左右，主蔓有互生叶6～7片时，就将菜豆打头(即摘心)，利用萌发的侧蔓结荚。但是这还不够，最上部2～3片叶叶腋萌发的侧枝生长最快，也易使株形形成伞状，这样就须将主蔓最顶部2～3片叶萌发的侧枝疏除，只留下部3～4片叶腋萌发的侧枝结荚，植株中下部的侧蔓向上生长，使植株形成柱形结构，结荚就多。

植株整成立柱形结构后，还应注意防止侧枝生长到钢丝之上时，在水平方向爬蔓，再次形成郁闭，尤其是注意操作行不能郁闭，但是到了结荚盛期，植株萌发的侧枝较多，不能再单个打头，可以用一块60厘米长的竹竿将钢丝顶部新萌发的侧枝水平打去，对于垂直方向的侧枝也用小竹竿打去，保持植株的柱形结构，使植株在垂直方向多见光，促进植株整体的花芽分化，这样才可为取得总体的高产打好基础。

5. 越冬期间雪后的管理

(1)雪前要预防　增施有机肥，可以增加土壤的热容量，缓冲连阴天热量散失带来的温室内降温，还可以促使根系提高耐寒能力。要注意合理用水。冬前适度控水，降低室内空气相对湿度非常重要，同时要制造一个底墒足、表土干的环境条件。

(2)下雪时要重视管理　连阴雪天要注意揭盖草苫。连阴天不下大雪时，都要揭盖草苫，争取宝贵的散射光。要比晴天晚揭早盖1个小时。在连阴天的情况下，菜豆的光合作用很弱，合成的光合产物很少，为减少呼吸消耗，必须降低温度。夜间一般比晴天要降低1℃～2℃。中午要通风换气。在连阴雪天的情况下，呼吸消耗大于光合作用，日光温室内会积累大量的二氧化碳等有害气体，因此在连阴3天以上时，中午要通顶风1～2个小时。此外，要注意人工补光。每200平方米设置一个400瓦的植物生长灯增加室内的光照。灯和菜豆叶片保持50～60厘米的距离。早晨开灯，每天2～3小时，待室内的光照增强后关灯。阴天可全天补光。

(3)晴天后巧管理　持续多日阴雪天，突然暴晴时，切勿早揭和全揭草苫，防止气温突然升高和光照突然加强而导致“闪苗”死棵。要揭“花苫”、喷温水防止闪秧死棵。既要掌握适当推迟揭草苫见光照的时间，又要隔1个或2个草苫揭开1个草苫，使温室内栽培床面积隔片段受光和遮光。当受到阳光照射的菜豆植株出现萎蔫现象时，应立即喷洒10℃～15℃温水，并将揭开的草苫再盖上，而将仍盖着的草苫揭开，这样操作管理一个白天，第二天可按常规管理拉揭草苫，菜豆就不会出现萎蔫和“闪秧”了。

第三章　日光温室蔬菜栽培新技术的应用

一、日光温室蔬菜二氧化碳施肥技术

(一)二氧化碳施肥对蔬菜的影响

绿色植物在进行光合作用时,都要吸收二氧化碳放出氧气。二氧化碳是植物光合作用的重要原料之一,在一定范围内,植物的光合产物随二氧化碳浓度的增加而提高,二氧化碳气肥在保护地蔬菜生产中的作用尤其明显,可以大大提高光合作用效率,使之产生更多的碳水化合物。在日光温室蔬菜栽培中,二氧化碳亏缺是限制蔬菜高产高效的重要因素之一。

大气中二氧化碳的含量一般为 300 毫升/米^3,这个浓度虽然能使蔬菜正常生长,但不是进行光合作用的最佳浓度。蔬菜在保护地栽培时,密度大且以密闭管理为主,通风量小,尽管温室内蔬菜呼吸、有机肥发酵、土壤微生物活动等均能放出一部分二氧化碳,但只要蔬菜进行短时间的光合作用后,温室内的二氧化碳含量就会急剧下降。根据用红外线气体分析仪测试得知,4 月份日光温室内二氧化碳浓度最高值是早晨拉帘前,达 1 380 毫升/米^3,等到日出拉开草苫后,随着光照强度的增加和温度的升高,光合速率加快,温室内二氧化碳的浓度迅速下降,至 11 时,温室内二氧化碳的浓度降至 135 毫升/米^3,由此可见温室内二氧化碳亏缺的程度。温室内二氧化碳浓度低于自然大气水平的持续时间一般是从上午 9 时至下午 5 时,从下午 5 时以后随着光照强度减弱和停止通风盖帘,温室内二氧化碳浓度才逐渐回升到大气水平以上。当温室内温度达到30℃开始通风后，温室内的二氧化碳得到外界的补充，但远低于大气水平而不能满足蔬菜的正常生长发育。大量测量结果表明，每日有效光合作用时，日光温室内二氧化碳一直表现为亏缺状态，严重影响了蔬菜光合作用的正常进行，制约了蔬菜产量的提高。

通过试验证明，合理施用二氧化碳气肥可提高蔬菜光合速率，增加植株体内糖分积累，从而在一定程度上提高了蔬菜的抗病能力。增施二氧化碳还能使叶和果实的光泽变好，提高外观品质，同时大幅度提高维生素C的含量，改善营养品质，可使蔬菜增产15%～30%，效益相当可观。

(二)日光温室内施用二氧化碳的时间

日光温室蔬菜生长发育前期，植株较小，吸收二氧化碳数量相对较少，加之土壤中有机肥施用量大，分解产生二氧化碳较多，一般可以不施二氧化碳。若过早施二氧化碳，会导致茎叶生长过快，而影响开花坐果，不利于丰产。进入坐果期后，应加大二氧化碳施用量，到开花结果期正值营养需求量最大的时期，也是二氧化碳施用的关键期。此期即使外界温度较高而加大了通风量，每天也要进行短时间的二氧化碳施肥。一般每天有2小时左右的高浓度二氧化碳时间，就能明显地促进蔬菜生长。结果后期，植株的生长量减少，应停止施用，以降低生产费用。一天内，二氧化碳的具体施用时间应根据日光温室内二氧化碳的浓度变化以及植株的光合作用特点进行安排。一般晴天日出半个小时后，日光温室内的二氧化碳浓度下降就较明显，浓度低于光合作用的适宜范围，所以晴天揭帘后开始施用二氧化碳；在多云或轻度阴天，可把施肥时间适当推迟半个小时。

(三)二氧化碳气体施肥方法

二氧化碳气肥施用方法比较简便，目前常用的方法主要有以下6种。

1. 微生物法　增施有机肥，在微生物的作用下缓慢释放二氧化碳作为补充。秸秆生物反应堆技术就是微生物法的一种应用形式。

2. 液态二氧化碳释放法　钢瓶二氧化碳气的供应可根据流量表和保护地容积准确控制用量。但由于钢瓶中二氧化碳温度很低(可达−78℃)，在向日光温室中输入前必须使其升温，否则会造成温室内温度下降，不利于甚至危害蔬菜的生长。故在使用时需通过加热器将气体加热到相对比较恒定的温度再输出。输出时选用直径为1厘米粗的塑料管，通入保护地中，因为二氧化碳的比重大于空气，所以必须把塑料管架离地面，最好架在温室内较高位置。每隔2米左右，在塑料管上扎上一个小孔，把塑料管接到钢瓶出口，出口压力保持在1～1.2千克/厘米^2，每天根据情况放气8～10分钟即可。此法虽比较容易实现自动控制，但在气温高的季节还是不利于实施。

3. 硫酸与碳酸氢铵反应法　此方法是用二氧化碳发生器来进行的，选用的原料是碳酸氢铵和硫酸，塑料管架设方法同上。其原理是碳酸氢铵和硫酸反应放出二氧化碳，供给蔬菜进行光合作用，生成的副产品硫酸铵可作追肥用。其反应式如下：

$$2NH_4HCO_3+H_2SO_4=(NH_4)_2SO_4+2CO_2\uparrow+H_2O$$

4. 碳酸氢铵加热分解法　用专用容器装入碳酸氢铵，加热使其分解出二氧化碳、氨气和水。

$$NH_4HCO_3\rightarrow CO_2\uparrow+H_2O+NH_3\uparrow$$

分解出的气体通过一个容器过滤，把氨气溶解到水中，只放出二氧化碳，然后通过架设的塑料管释放到保护地中供蔬菜进行光合作用。

5. 燃烧气肥棒二氧化碳释放法 直接燃烧气肥棒成品即可产生二氧化碳供蔬菜吸收利用，此法简便易行，安全、成本低、效果好、易推广。

6. 固体二氧化碳气肥直接施用法 通常将固体二氧化碳气肥按每平方米 2 穴，每穴 10 克施入土壤表层，并与土壤混合均匀，保持土层疏松。施用时勿靠近蔬菜的根部，使用后不要用大水漫灌，以免影响二氧化碳气体的释放。

(四)施用二氧化碳气肥应注意的问题

第一，施用二氧化碳气肥时，温室内温度要在 15℃以上，并且需在揭草苫后 1 小时开始施用，通风前 1 小时结束。

第二，施用适期一般在茄果类蔬菜坐住果后，而且二氧化碳相当亏缺时；并且须选在晴天上午光照充足时施用，浓度可掌握在 1500～2200 毫升/米^3，少云天气可少施或不施，阴雨雪天气不能施用。

第三，采用硫酸与碳酸氢铵反应法施用的，对于反应所产生的副产品——硫酸铵在使用前，应先用 pH 试纸测酸碱度。若 pH 值小于 6，则须再加入足量的碳酸氢铵中和多余的硫酸，使其完全反应后，方可对水作追肥用。在整个反应过程中，要做好气体输出的水过滤工序，减少与避免有害气体的释放。

同时，各项操作要小心，以防硫酸溅出或溢出，而且在浓硫酸稀释时，一定要把浓硫酸倒入水中，千万不能把水倒入浓硫酸中，因为水的比重比浓硫酸的比重小，把水倒入浓硫酸中时，水容易溅出伤人。碳酸氢铵易挥发，不能将大袋碳酸氢铵放入温室内，防止蔬菜遭受氨气的毒害，应分装后带入温室内使用。

第四，蔬菜施用二氧化碳气肥后，光合作用增强，要相应改善肥水供应并加强各项管理措施，以便达到高产稳产的目的。

二、日光温室蔬菜有机型无土栽培技术

(一)设　施

1. 栽培槽　在温室内北面留80厘米走道,南面留30厘米,用砖垒成南北向栽培槽,槽内径48厘米,槽高24厘米,槽距72厘米;也可以直接挖半地下式栽培槽,槽宽48厘米,深12厘米,两边再用砖垒2层。槽内铺一层厚0.1毫米的塑料薄膜,膜两边用最上层的砖压住。膜上铺3厘米厚的洁净河沙,沙上铺一层编织袋,袋上填栽培基质。

2. 供水设施　用自来水或水位差1.5米以上的蓄水池供水。外管道用金属管,温室内主管道及栽培槽内的滴灌带均用塑料管。槽内铺滴灌带1～2根,并在滴灌带上覆一层厚0.1毫米的窄塑料薄膜,以防止滴灌水外喷。

3. 栽培基质　有机基质的原料可用玉米秸、菇渣、锯末等,使用前将基质先喷湿再盖膜堆闷10～15天以灭菌消毒,并加入一定量的沙、炉渣等无机物,1立方米基质中再加入有机无土栽培专用肥2千克、消毒鸡粪10千克混匀后即可填槽。每茬作物收获后可进行基质消毒,基质一般3～5年更新1次。

(二)定　植

定植前先将基质翻匀整平,每个栽培槽内的基质用大水漫灌,使基质充分吸水,水渗后每槽调角定植2行,基质略高于苗茎基部。以西葫芦为例,株距45厘米,每667平方米定植2000株,栽后轻浇小水。

(三)管　理

1. 肥水管理　一般定植后5～7天浇1次水，保持根际基质湿润，使西葫芦长势中等。坐果后晴天上、下午各浇1次水；阴天可视具体情况少浇水或不浇水；追肥一般在定植后20天开始，此后每隔10天追肥1次，每次每株追施全溶性复合肥(20∶20∶20)15克，坐果后每次每株施25克。将肥料均匀撒在离根5厘米处。温室内可根据需要追施二氧化碳气肥。

2. 温度、光照管理　定植后，白天温度保持20℃～25℃，夜间保持12℃左右。坐瓜后白天保持25℃～28℃，夜间保持12℃～15℃。西葫芦喜温、喜光，应早揭晚盖草苫。尽量让植株多见光。

3. 植株调整　根瓜采收后，用塑料绳吊蔓，并及时摘除侧芽、卷须和病残老叶，以利于通风和减少养分消耗。

4. 人工授粉与激素处理　上午6～9时摘取雄花，将花药轻轻地涂雌花柱头，1朵雄花可授2～3朵雌花；10时左右用20～30毫升/升防落素涂抹瓜柄和柱头。

5. 采收　西葫芦定植后50天左右根瓜即可坐住，重量250克左右即可采收上市；以后的西葫芦500克左右大小即可采收上市。

三、日光温室蔬菜水肥一体化施肥技术

(一)蔬菜水肥一体化技术

水肥一体化技术是"以水调肥"和"以肥促水"的水肥耦合的农业新技术。在蔬菜种植上主要采用滴灌、渗灌施肥技术，借助压力灌溉系统(或地形自然落差)，将可溶性固体肥料或液体肥料对成的肥液与灌溉水相融合在一起，通过可控管道系统均匀、准确地浸

润作物根系发育生长区域，使主要根系土壤始终保持疏松和适宜的含水量，同时根据不同蔬菜的需肥特点、土壤环境、养分含量状况和蔬菜不同生长期需水、需肥规律情况进行全生育期需求设计，把水分和养分定量、定时按比例直接提供给作物。

(二)改造灌溉系统

由于井水流量及用水时间难以控制，夏季井水水质温度偏低，不能定时、定量、定温满足温室蔬菜生长需求，因此每个温室工作房前建一个 12～15 立方米蓄水池，并配套小型潜水泵 1 台，随时供作物滴灌使用；管道布置，种植行距按宽窄行平均 0.82 米布置滴灌带，滴灌带孔距一般为 35～40 厘米，孔径大小视种植蔬菜品种确定。一般番茄、黄瓜、青椒等以中型孔径为宜；室外与室内管网连接用 PVC 管，每栋温室需直径为 160 毫米的 PVC 管 10 米；室内管网入口处与滴灌带之间用直径 32 毫米的 PE 管连接；PE 管与滴灌带之间由滴灌带旁通连接；安装首部装置，控制水压和流量；铺设滴灌管道，在作物的根系部位铺设滴灌带，保证每株蔬菜的根部均有 1 个滴孔，滴孔大小和间距按照蔬菜类型、种植密度确定。

(三)滴灌制度的确定

根据种植作物的需水量和作物生育期的降水量确定灌水定额。日光温室滴灌施肥的灌溉定额应比畦灌减少 30%～40%。灌溉定额确定后，依据作物的需水规律、降水情况及土壤墒情确定灌水时期、次数和每次的灌水量。依靠自压或水泵控制水压和流量。

(四)施肥制度的确定

在日光温室的首部装置均安装施肥器，即管网入口处安装控制阀、过滤器与文丘里施肥器，文丘里形式需配置溶肥器。

水肥一体化技术和传统施肥技术存在显著的差别。合理的微灌施肥制度，应首先根据种植作物的需肥规律、地块的肥力水平及目标产量确定总施肥量、氮磷钾比例及基肥、追肥的比例。作基肥的肥料在整地前施入，追肥则按照不同作物生长期的需肥特性，确定其次数和数量。实施微灌施肥技术可使肥料利用率提高40%～50%，故微灌施肥的用肥量为常规施肥量的50%～60%。

(五)肥料的选择

滴灌施肥系统施用基肥与传统施肥相同，可包括多种有机肥和多种化肥。但滴灌追肥的肥料品种必须是可溶性肥料。符合国家标准或行业标准的尿素、碳酸氢铵、硫酸铵、硫酸钾等肥料纯度较高、杂质较少，溶于水后不会产生沉淀，均可用作追肥。

(六)技术优点

设施栽培采用水肥一体化技术具有以下6个方面的好处：①明显降低了温室内的空气湿度。滴灌施肥与常规畦灌施肥相比，空气相对湿度可降低8.5%～15%。空气湿度的降低，在很大程度上抑制了作物病害的发生，减少了农药投入和防治病害的劳力投入，平均每667平方米农药用量减少15%～30%，节省劳力15～20个。②可保持温室内的温度。滴灌施肥比常规畦灌施肥减少了通风降湿的次数，温室内温度一般可提高2℃～4℃，有利于作物生长。③增强微生物活性。滴灌施肥比常规畦灌施肥技术可提高地温2.7℃，有利于增强土壤微生物的活性，可促进作物对养分的吸收。④有利于改善土壤物理性质。滴灌施肥克服了因灌溉造成的土壤板结，土壤容重降低，孔隙度增加。⑤减少土壤养分淋失，减轻地下水的污染。⑥提高产量，改善品质。水肥一体化技术可促进作物产量提高和产品质量的改善，设施栽培一般可增产

17%～28%。

四、日光温室蔬菜敞穴施肥技术

(一)基本方法

在两株蔬菜(如黄瓜、番茄)中间的垄上挖一敞穴,穴在灌水沟内侧,向沟内侧开豁口,豁口低于沟灌水位但高于沟底,使部分灌水可流入穴内,以溶解和扩散肥料。覆盖地膜后,在穴上方将地膜撕出一个孔,在每次灌水前1～2天将肥料施入穴内。一次制穴,可供整个蔬菜生育期使用。

(二)敞穴施肥的优缺点

敞穴施肥较常规穴施肥减少了每次挖穴、覆土的工序,使集中施肥在日光温室蔬菜覆盖地膜的情况下得以实现,克服了冲施肥供肥强度低、肥料利用率低的缺点,在较易农事操作的情况下,实现了集中施肥,提高了供肥强度。其缺点是:追肥过于集中,一次施用量过多,容易引起烧根;受穴大小的限制,不能追施腐熟鸡粪等有机肥。

(三)肥料种类

除鸡粪、厩肥以外的各种肥料均适宜敞穴施肥。

(四)操作方法

翻耕、起垄、移栽蔬菜等农事操作按照常规。在蔬菜缓苗后覆盖地膜前,在两株蔬菜之间的垄上挖一敞穴,敞穴靠近灌水沟内侧,且向灌水沟侧敞开,敞穴的穴底高出灌水沟的沟底约5厘米;地面覆盖地膜后,在敞穴上方将地膜撕开一个孔洞,孔洞大小以方便向穴内施肥为度。在浇水前1～2天施入普通的复合肥，以含硝态氮和硫的复合肥为好。以黄瓜为例，冬季施肥量每667平方米每次施复合肥12.5千克左右，春季每667平方米每次施复合肥30千克左右；浇水次数和浇水量根据作物生长需要确定。

五、日光温室蔬菜增碳控氮施肥技术

增碳控氮施肥技术适用于所有的日光温室等保护地蔬菜种植区域。该技术具有以下优点：能减少氮肥施用量，提高氮肥利用率；培肥地力，增加土壤的抗病性；防止设施土壤盐分积累，防止土壤盐渍化；提高设施蔬菜的产量，改善农产品品质。每667平方米可减少肥料费用300元以上，能有效防止氮肥淋洗和挥发损失，环境效益显著。增碳的方法是施用有机肥，以秸秆堆制的有机肥为最好。

（一）秸秆处理

玉米秸秆用铡草机或铡刀切成3～4厘米长，也可用粉碎机进行粉碎。堆制前将秸秆用水浸透，干秸秆与水的比例一般为1∶1.8，使秸秆的含水量达到60％～70％，这是堆肥成败的关键。

（二）用料与配比

按1000千克秸秆配1千克有机废物发酵菌曲（由能够强烈分解纤维素、半纤维素、木质素的嗜热、耐热细菌、真菌、放线菌和生物酶组成）和5千克尿素（或200～300千克腐熟的人粪尿），以满足微生物发酵所需的氮素，合理调整碳氮比。

（三）堆制方法

通常分3层堆积，第一、第二层各厚60厘米，第三层厚40厘米。层与层之间和第三层上均匀地撒上有机废物发酵菌曲和尿素的混合物,混合物的用量比自下而上为4∶4∶2。堆宽一般要求为1.6～2米、堆高为1～1.6米,秸秆长度以材料多少和场地大小而定,堆好后用泥封严。经20～25天腐烂后即可使用。秸秆肥质量好,有效养分含量高。

(四)施用方法

每667平方米施用1吨左右秸秆腐熟的有机肥或5立方米腐熟的牛粪或其他腐熟的含有机物高的有机肥。有机肥作为基肥施用,撒施耕翻即可。每667平方米氮肥的用量控制在40～50千克,追肥时最好配合施用一些有机肥(有机肥与水混匀后冲施)。

六、日光温室蔬菜熊蜂授粉技术

冬季保护地蔬菜栽培由于受低温、环境密闭、昆虫冬眠等因素的影响,蔬菜自然授粉率很低,主要采取2,4-D或防落素喷蘸处理的方法代替自然授粉来促进坐果,但由此产生的激素残留是影响蔬菜品质及出口的主要限制因素之一。利用蜂类为日光温室果蔬授粉是一项高效益、无污染的现代化农业增产措施。熊蜂是最好的授粉昆虫之一,农业发达国家已把熊蜂授粉作为一项常规技术应用到农业生产当中。

(一)熊蜂授粉技术的优势

1. 熊蜂授粉的特点　熊蜂授粉与蜜蜂、壁蜂等传粉昆虫相比具有如下特点:一是授粉作物广泛,有蜜腺无蜜腺植物均适合,而蜜蜂仅访有粉有蜜植物;二是熊蜂适应的温湿度范围大,在12℃～34℃范围内活动正常;三是有较长的吻,对一些深冠花朵的蔬菜如番茄、辣椒和茄子等作物授粉更加有效;四是采集力强,熊蜂个体大，寿命长，浑身有绒毛，1次可携带花粉数百万粒，对蜜粉源利用率比其他蜂种更加有效，授粉效率高于蜜蜂80倍；五是耐低温和低光照，在蜜蜂不出巢的阴冷天气，熊蜂可以照常出巢采集、授粉；六是耐湿性强，趋光性差，熊蜂不像蜜蜂那样飞撞玻璃和温室，低温高湿也可在植物花朵上采集；七是熊蜂信息交流系统不发达，没有灵敏的信息交流系统，能专心为某一种作物授粉，特别适合用于日光温室蔬菜作物的授粉。

2. 熊蜂授粉的优势 熊蜂授粉与蜜蜂、壁蜂、切叶蜂等传粉昆虫的授粉相比，其操作性、可控性技术较强，可根据用户需求繁育蜂群，大量的蜂王通过温控处理技术可随时定量生产，这是其他蜂种不能比拟的。由于熊蜂可工厂化大批量生产繁育，对加快熊蜂授粉技术的推广速度起到了关键性作用，可用于取代目前人工辅助授粉和用各类激素蘸花的方法，以提高坐果率，达到即增产又增收的目的。

3. 果实无污染，品质好 熊蜂授粉彻底解决了用生长素类化学物质促进坐果所带来的激素残留和污染的问题。果实含糖量提高，口感好，果形匀整，商品果率高，符合绿色食品生产标准，经济效益高。熊蜂授粉花朵坐果率高，果形周正，籽粒饱满；熊蜂授粉果蔬可溶性糖、维生素含量等指标明显优于人工授粉，果实品质显著提高。

4. 熊蜂授粉的优点 熊蜂授粉与人工授粉相比具有以下优点：熊蜂授粉与作物花期可保持相对吻合，能掌握最佳授粉时间，每朵花可多次重复授粉，植株高矮、花量多少均可得到充足授粉；传粉蜂频繁穿梭授粉不会造成植株的机械损伤和病害的传染，一只传粉蜂每天可工作8～10小时，被访花达2000～4500朵。由于熊蜂采集的花粉活力较强，花朵柱头又可得到多次授粉，有利于提高杂交优势。利用熊蜂授粉后的种子产量增加、籽粒饱满、千粒重增加、发芽率整齐。熊蜂授粉后的果实产量增加、果形圆正、着色好;特级果、一级果比例明显提高,据测定,果实可溶性糖、维生素C含量提高,种子粒数增加,采摘期提前3～5天,经济效益大为提高。而采用人工辅助授粉,不但增加了育种等开支,而且对授粉人员管理方面还带来诸多不便。人工授粉难以掌握最佳授粉时间,对花量大、花期短的作物容易造成授粉不良和授粉不均。人工授粉每天仅有1次授粉机会,对植株较高大的作物授粉时易造成机械损伤,伤口容易感病。由于人员难以适应在温室内高温、高湿或闷热的环境下授粉,一些作物往往授粉后效果不理想,如利用熊蜂授粉技术可使上述问题得到圆满解决,熊蜂授粉技术可为生态农业的发展发挥重要作用。

(二)使用方法

在蔬菜进入盛花期之前4天,将蜂箱搬入温室内,绑到日光温室中间位置的立柱上,蜂箱的进出口要朝南。靠近蜂箱放一盛满清水的容器,清水里放一些麦秸,以便于蜜蜂采水,每隔3～4天换1次水。在前立窗和天窗上安装20～24目防虫网,一定要把日光温室封严,防止熊蜂从温室缝隙中飞出去。每天早晨日光温室草苫拉起后把蜂箱的进出口打开即可。一箱熊蜂(100余只)可供2×667平方米蔬菜授粉。一个日光温室面积一般不超过667平方米,一箱熊蜂可满足其授粉要求。

(三)注意事项

第一,杀虫剂对熊蜂的危害很大。喷药前一天下午等熊蜂全部飞回蜂箱后,将蜂箱的进出口关闭,将蜂箱拿到温暖的地方。第二天喷药,第三天通风,第四天上午再将蜂箱放回原处绑好,下午打开巢门即可。杀菌剂对熊蜂的影响不大,喷药前一天夜间待熊蜂全部飞回蜂箱后将进出口关闭,第二天喷药,第三天上午通风,下午就可将蜂箱进出口打开。

第二,不要打开蜂箱或用力敲打蜂箱,以免激怒熊蜂群而蜇人。

第三,下午盖草苫时,留下蜂箱顶上的一帘草苫空位不盖,待天黑熊蜂全部回巢后再盖苫。

第四,在黄瓜上不要使用这一技术,以免产生黄瓜大头瓜。

七、日光温室蔬菜臭氧杀菌技术

根据冰箱内电子除臭保鲜器的原理,生产大功率臭氧发生器,用于日光温室空气杀菌。该技术经寿光市孙集街道三元朱村、稻田镇马寨村正式试验取得成功,并已广泛应用于各种蔬菜生产中。

(一)臭氧发生器应用原理

臭氧发生器是采用电晕放电产生适量臭氧——O_3,不但可消除空气中的有害气体,同时臭氧本身分解为杀菌力特别强的单氧原子,然后自衰,不附着于蔬菜上,对蔬菜和人体无害。

(二)臭氧发生器应用范围

利用臭氧杀死日光温室内的真菌,如霜霉病、灰霉病等病菌,以减少病原,从而控制发病。还可利用臭氧消除日光温室内的有害气体,减轻有害气体对蔬菜的危害。

(三)臭氧发生器应用技术

臭氧防治器具有许多优势,但只有正确使用才能发挥其最佳效果。若使用不当,不仅会使臭氧防治病害的效能大打折扣,而且会给蔬菜产量造成损失。

1. 正确掌握臭氧防治浓度与环境湿度 一般情况下,臭氧防治蔬菜病害时的浓度为 1000 倍,而防治虫害的浓度为 1500 倍,应用臭氧的环境空气相对湿度应在 60%以上。如环境空气相对湿度低于45%时，臭氧对空气中的微生物几乎没有杀菌作用，湿度越高杀菌效果越好。

2. 合理确定施放的高度和时间　臭氧施放量及闭棚熏蒸时间要根据不同作物及其生长时期进行适当的调整。一般成株期的作物比苗期作物对臭氧的适应性更强。生产中如果臭氧施放量过大或温室熏蒸时间过长，轻者会导致温室蔬菜叶片及花中毒而干枯，重者会引起植株死亡。随着植株的生长，臭氧施放量与熏蒸时间可逐渐增加，以达到既可防治病虫又不伤害蔬菜作物的目的。释放时应尽量保证喷气均匀，且喷气口不能直接对着蔬菜，应该距蔬菜植株0.8～1米以上。一般每667平方米温室持续施放臭氧7～10分钟，再密闭熏蒸15～20分钟，然后通风30分钟。温室熏蒸时严防人员进入，以免引起中毒或出现其他不良反应。

3. 释放臭氧与其他方法结合使用　试验证明，臭氧对灰霉病、叶霉病、早疫病、晚疫病、霜霉病、疫病以及温室白粉虱、潜叶蝇、蚜虫等病虫防治效果较好。但由于臭氧气体渗入土中的量太少，浓度也太低，故对土传病害不起作用。因此，单纯使用臭氧法防治病虫害不是万能的，应与农业防治、生态防治、物理防治、化学防治相结合，才能更有效地发挥臭氧技术的威力。

八、日光温室蔬菜应用丽蚜小蜂技术

（一）繁殖方法

1. 采集和繁殖丽蚜小蜂蜂种　①采集蜂种。在粉虱发生严重的田间植株叶片上，采集被丽蚜小蜂寄生的粉虱若虫，即黑蛹。②蜂种提纯和优选。将采集的丽蚜小蜂寄生黑蛹置于25℃～27℃、空气相对湿度为60%～70%条件下发育，羽化出蜂后，转接到烟粉虱若虫体内，然后通过对寄生率、羽化出蜂率、繁殖力、性比、贮存特性和对目标害虫卵的搜索能力检测试验，选择优良蜂种。③蜂种扩繁。选用优良丽蚜小蜂蜂种进行扩繁，积累足够的丽蚜小蜂种蜂数量。④蜂种保存。丽蚜小蜂发育到初蛹期时，立即贮入温度为10℃～12℃、空气相对湿度为50%～60%的条件下保存。

2. 生产寄主 丽蚜小蜂寄主植物选择番茄、甘蓝或黄瓜；寄主昆虫为烟粉虱或温室粉虱。

(1)培育寄主植物番茄苗 在光照充足、20℃～27℃变温条件下的培养箱或清洁室内培育番茄苗，当番茄苗生长至7～8片真叶时，移入粉虱产卵笼罩中。

(2)接粉虱虫卵 按番茄苗每叶片上5头粉虱成虫的比例接入粉虱成虫，接种产卵时间为24～48小时。

(3)熏杀残余粉虱成虫 接种产卵完成后，轻轻摇动粉虱产卵笼罩中的番茄植株，赶走粉虱成虫，而后移入塑料薄膜密封罩中，用吸有2～3滴敌敌畏原液的滤纸条熏蒸10～12小时，注意药液不能与植株直接接触。

(4)培育粉虱若虫 将经过熏蒸处理过的带有烟粉虱卵的番茄植株移入另一笼罩内培育13～17天，待粉虱若虫发育到2～3龄时备用。

3. 接蜂 按蜂、虫比例为1∶20～30将丽蚜小蜂黑蛹或成蜂接种到上述发育到2～3龄的粉虱若虫上，接蜂时间为8～9天。

4. 收集制卡 接蜂后8～9天，被寄生的粉虱若虫变成黑蛹，待未被寄生的粉虱若虫羽化为成虫后，将番茄苗用敌敌畏进行熏蒸，杀死滞留在叶片上的粉虱成虫，而后采摘带有黑蛹的叶片放在室内阴干1～2天，然后粘制蜂卡，进行包装保存或直接应用。

(二)应用范围

用丽蚜小蜂防治保护地蔬菜上的烟粉虱和温室白粉虱，对目前猖獗为害蔬菜的烟粉虱的寄生率高达80%以上，完全可以有效地防治粉虱。

(三)使用方法

在作物定植1周后，开始使用丽蚜小蜂，只需要将蜂卡悬挂在作物中上部的枝杈上即可。丽蚜小蜂的飞行能力较差，需要在温室中均匀地悬挂蜂卡。每667平方米每次使用1500～2000头，每隔7～10天释放1次，连续释放5～6次。如果日光温室的防虫网能够完全挡住室外的粉虱进入，此时可以停止放蜂。注意搞好温室的保温工作，夜间温度最好保持在15℃以上。

九、日光温室蔬菜石灰氮土壤消毒技术

(一)使用时间

蔬菜定植前20～30天，采用石灰氮法(氰氨化钙)进行土壤消毒。应用此法的最佳时间为夏季气温高、雨水少、日光温室闲置时期，一般选在5月下旬至8月下旬。

(二)使用方法

蔬菜定植前在每667平方米耕层土壤中施入石灰氮75～100千克、麦草1000～2000千克或未腐熟鸡粪3000～4000千克，做畦后灌水，灌水量要达到饱和程度，而后覆盖透明塑料薄膜，四周要盖紧、盖严，让薄膜与土壤之间保持一定的空间，以利于提高地温，增强杀菌灭虫效果。密闭日光温室闷棚20～30天。闷棚结束后，根据土壤湿度情况开棚通风，调节土壤湿度，而后疏松土壤即可栽培蔬菜。

(三)注意事项

采用石灰氮法等进行土壤消毒要注意把握好时机，选择在前茬作物收获后立即进行土壤消毒效果最好，因为此时根结线虫等土传病菌大多聚集在土表，更容易集中杀灭；否则，等到根结线虫等土传病菌迁移到土壤深层后再进行土壤消毒会降低效果。

土壤消毒处理后，土壤中所有生物均可被杀死，此时土壤是一个洁净又很脆弱的环境，一旦有新传入或未被杀死的病菌和害虫，在缺乏天敌和有益微生物、地温又适宜的条件下，病虫害将迅速回升。因此，土壤消毒应避免人为地再传入病虫害。同时，应注意施入优质有机肥或生物肥，以尽快建立良好的土壤微生态环境。

许多生物肥对根结线虫等土传病害有一定的防治效果，其防治土传病害的机理主要表现在以下 2 个方面：一是施用生物肥后，土壤中的有益菌增多，促使土壤中有益菌群的形成，有益菌群可分泌一种酶，可抑制土传病菌的存活；二是往土壤中施入大量的生物肥，可疏松土壤，促使蔬菜根系健壮生长，在一定程度上可提高根系的抗土传病害能力。在生产中表现比较好的生物肥种类很多，可以有选择地施用。

十、日光温室蔬菜应用生物反应堆技术

秸秆生物反应堆技术又称二氧化碳缓释富氧秸秆发酵技术，是一项可有效解决设施蔬菜土壤连作障碍、提高蔬菜产量、改善蔬菜品质的创新栽培技术。在日光温室中应用秸秆反应堆技术，改变了过去“头痛医头，脚痛医脚”的病虫害防治理念，采用中医的“正本修元”方法，调节土壤中微生物的平衡，起到了改良土壤的作用。

(一)生物反应堆技术的原理

土壤中存在着大量的微生物,包括真菌、细菌、病残体、病毒和原生生物等。这些微生物的生物总量,每667平方米耕层土壤达到了100～1000千克。这些微生物绝大多数是有益的,如有机物的分解、化肥的分解和转化所需要的微生物;岩石、矿物或风化土壤中各种矿质养分的分解与释放也需要微生物;此外,豆科作物的根瘤菌、一些原生生物的活动及分泌物等都会对作物的生长起到良好的促进作用。土壤中有害的微生物只占极少数,如枯萎病病原物、青枯病病原物、根结线虫等。这些微生物在土壤中既互相依存,又相互制约,有的还是共生或互生关系,如放线菌感染线虫后,可使线虫在48小时内出现死亡。若土壤中放线菌基数增加就可破坏线虫的生存环境,从而抑制线虫的发生;一些有益的霉菌产生的大量菌丝体或分泌物可抑制有害霉菌的发生和蔓延等。正是由于土壤中各种微生物之间的互补与制约,才维持了土壤中微生物数量和比例的平衡,从而为作物的根系及生长提供良好的生态环境。

日光温室属半永久性生产设施,由于连续种植,温室内土壤微生物的平衡遭到严重破坏。应用秸秆反应堆技术,就是将人工培育的酵素菌通过秸秆这一载体进行繁殖,而后施入土壤,相当于用养猫的方式控制鼠患,从而调节温室内土壤的微生物平衡。

(二)秸秆反应堆的使用方法

1. 操作时间 在定植前10～15天将秸秆反应堆建造完毕。

2. 秸秆用量 所有的植物秸秆均可使用,每667平方米日光温室需4000～5000千克。要用干秸秆。

3. 菌种用量 每667平方米需菌种8～10千克。

4. 基肥和追肥用量 化肥第一年减少50%,第二年减少

70%,第三年减少90%;基肥不用化肥、鸡粪,可用150～200千克饼肥。

5. 反应堆做法 定植前在小行(种植行)下开沟,沟宽大于小行10厘米,一般宽70～80厘米,沟深20厘米,沟长与小行长度相等;起土分放两边,接着添加秸秆,铺匀踏实,厚度为30厘米,沟两头各露出8厘米秸秆茬,以便于氧气进入。填完秸秆后,撒饼肥,再将每沟所需菌种均匀地撒在秸秆上,用锹轻拍一遍后,把起土回填于秸秆上,浇水湿透秸秆,3～4天后,将处理好的疫苗撒在垄上,并与10厘米表土掺匀,找平垄,接着开沟放入蔬菜苗,覆土,浇小水,第二天打孔;10天后盖膜、打孔。

(三)注意事项

第一,秸秆用量要和菌种用量搭配好,每500千克秸秆用1千克菌种。

第二,浇水时不要冲施化学农药,特别要禁止冲施杀菌剂。

第三,浇水后4天要及时打孔,用14号的钢筋每隔25厘米打1个孔,孔要打到秸秆底部,浇水后孔被堵死时要重新打孔。待苗定植10天缓苗后再盖地膜,并在膜上打孔。

第四,减少浇水次数,一般常规栽培浇2～3次水,用该项技术只浇1次水即可,切忌浇水过多。浇水后可用百菌清烟雾熏蒸剂熏蒸一次。该不该浇水可用土法判断:在表层土下,抓一把土,用手一攥如果不能攥成团应马上浇水,能攥成团千万不要浇水。在第一次浇水湿透秸秆的情况下,定植时千万不要再浇大水,只浇缓苗水。浇水可以浇大管理行。

第五,前2个月不要冲施化肥,以免降低菌种、疫苗活性,后期可适当追施少量有机肥和复合肥(每次每667平方米冲施浸泡10多天的豆饼15千克左右,复合肥15千克)。

第六,要用好疫苗,消除土传病害,减少病害消耗。浇水后

4～5 天，结合整地施入疫苗，整平、耙细反应堆 10 厘米土层待定植。

十一、日光温室蔬菜遮荫降温栽培技术

(一)覆盖旧棚膜

使用 1 年后的薄膜透光率比较低，在夏季可覆盖在温室上用于遮荫。将旧棚膜盖到温室上，四周用草袋子压好，不用的时候可直接揭起放在温室后坡上。这是寿光菜农近几年来常用的降温方法。该方法挺简单，也有效果，但存在一些弊端：一是遮荫效果差，透光率依然较高，尤其是在连续晴朗的中午，加盖一层旧薄膜虽然可遮挡部分阳光，但温室内温度仍在 40℃以上，遮荫降温效果不理想。二是有时候风力较大，很容易刮跑薄膜。三是加盖了一层薄膜，温室内通风就会受到阻碍，温室内降温受到影响。因此，温室上覆盖旧薄膜只适合在光照不是很强时使用，不能作为长期使用的遮荫方式。

(二)覆盖遮阳网

1. 根据不同蔬菜选择不同颜色的遮阳网　目前市面上的遮阳网以黑色和银灰色为主。黑色遮阳网遮光率高，降温快，宜作为炎夏需要精细管理的温室短期性覆盖使用。银灰色遮阳网遮光率低，适用于喜光蔬菜和长期覆盖。例如，番茄是喜光作物，只要满足 11～13 个小时的日照时间，植株生长健壮，开花较早。虽然光照时间对番茄的影响不那么严重，但光照强度与产量和品质直接相关。光照不足，易造成植株营养不良、徒长和开花减少。番茄的光饱和点为 7 万勒，光补偿点为 3000～3500 勒，而寿光当地中午最强光照强度为 8 万～9 万勒，而黑色遮阳网遮光率最高可达

70%，其光照强度仍达不到番茄的正常生长需求，易引起番茄徒长、光合产物积累不足等症状。所以，最好选择银灰色遮阳网，大部分银灰色遮阳网的遮光率为40%～45%，光照透过率为4万～5万勒，可满足番茄的正常生长需求。

2. 覆盖时间段要把握好 一般来说，揭盖遮阳网要根据天气情况和不同蔬菜种类不同生育期对光照强度和温度的要求灵活掌握。一般是晴天盖，阴天揭；中午盖，早晚揭；前期盖，生长后期揭。如果阴雨天气多，温度不是过高，蔬菜定植后仅在3～5天的缓苗期内覆盖遮阳网，若使用黑色遮阳网仅在晴天中午覆盖。若覆盖时间过长，会影响蔬菜的光合作用，不利于蔬菜的正常结果。所以，遮阳网应仅在晴天中午光照最强的时段即上午10时至下午3时左右使用。覆盖遮阳网时不能紧贴棚膜，否则其吸收的热量很容易传到棚膜再传到温室内，不能很好地发挥遮阳网降低温度的作用。

(三)泼涂料、泥浆和墨汁

寿光菜农在棚膜上面采用泼泥浆、涂料和墨汁等土方法给日光温室蔬菜降温，但这些方法各有利弊。泼涂料、喷洒泥浆和墨汁虽然省钱方便，但弊端较多。首先是喷洒不均匀，日光温室透光也不均匀，雨后容易被冲刷掉。同时，泥浆干燥后粘在棚膜上，一场小雨就能把它冲刷得很干净。泼墨汁也不耐雨水冲刷，经常补喷也很麻烦。

有些菜农在温室内将泥浆和墨汁喷洒到薄膜内面上，这样虽然雨水冲刷不掉，但如果泼得过多，就会有一部分泥浆或墨汁滴落到蔬菜叶片上，影响蔬菜光合作用的进行。尤其在温室内泼墨汁难以做到均匀，将导致日光温室蔬菜生长不一致。另外，涂料、墨汁喷洒过浓，又恰遇连续晴朗天气，就等于全天覆盖遮阳网，容易形成弱光危害。

(四)喷洒降温剂

降温剂的降温作用是通过遮挡部分光线(如红外线)来实现的,它不仅能降温,还可以保证光合作用的正常进行。降温剂的使用方法是:根据不同作物的生长温度及光照要求,以5～10倍水稀释降温剂。先用1∶1的水进行稀释,然后再加水稀释至所需倍数。如降温剂液浓度大降温大、遮阳率高;浓度低降温小、遮阳率低。

根据作物对光照的不同要求,选择不同的喷洒厚度和喷洒方式:对于生长所需温度低、光照低的作物(如叶类蔬菜)可选择全喷,喷层可厚一些;对于喜温和喜光照的作物(如果类蔬菜番茄等)可选择薄喷或间隔喷。

稀释好的降温剂在喷洒时对温室薄膜表面无须清洗,但应了解当地的天气情况,在确定当日天气没有阴雨的情况下使用。应在温度较高的中午及蔬菜表面干燥的情况下进行喷洒,应避免蔬菜表面有水及早晚温室表面有露水的情况,以免影响产品的附着效果。

十二、日光温室蔬菜高温闷棚技术

高温闷棚是指在夏季温室休闲期,用塑料薄膜密封日光温室,在强光照射下,使温室内温度迅速升至60℃～70℃,并保持一定的时间,利用高温对日光温室进行杀菌消毒。

(一)高温闷棚"三要"

高温闷棚的目的在于提高日光温室内的气温和地温,从而杀灭病菌、害虫和杂草。进行高温闷棚时一定要注意做到"三要"。

1. 干闷与湿闷结合　在冬春茬蔬菜采收期结束后,大量的病菌、虫卵集中在土壤、立柱及墙体的表层。此时要关闭通风口并检查修补好棚膜破损，进行高温闷棚，中午棚温可超过60℃并维持数小时，7天以内可以消灭日光温室内多数的活体动植物、病原体，这种方式称为干闷。该法简便易行，是菜农朋友常采用的措施。但这不是高温闷棚的全部，若仅用此法，只能杀灭温室表层的病虫。要想杀灭土壤深层的病虫还需结合湿闷，即利用水的导热性高于土壤的特点，保证土壤耕作层达到更高的温度。因而，必须深翻土壤25～30厘米。若不深翻而单采用旋耕机翻地，会造成杀菌、杀虫范围小，土壤深层的病菌和线虫难以杀灭，因此闷棚效果差。同时，翻地后要大水漫灌，覆盖地膜。有条件的，还可在翻地时挖沟，沟施麦糠或稻壳。土壤板结、盐害严重的日光温室宜采用该法。此外，干闷和湿闷结合可避免单纯干闷或湿闷造成病虫产生抗性的问题，从而起到全面、彻底杀菌的作用。

2. 闷棚要全棚密闭 全棚密闭不仅是将温室通风口关严，而且温室地面要覆盖地膜。有的菜农闷棚时不覆盖地膜，使土壤温度达不到要求，因而防治果较差。根结线虫的致死温度为55℃，在55℃的环境下10分钟即可死亡。若不覆盖地膜，土壤深层温度达不到55℃，就难以达到杀菌全面、杀虫彻底的效果。同时，最好将温室覆盖的旧薄膜去掉，换上新薄膜，以利于提高温度。但要注意新薄膜不要用压膜线固定，只将四周用泥封严即可，以备今后再用。

3. 闷棚时间要充足 闷棚要连续暴晒15天，其中至少要有连续5天的晴好天气，这样才能使日光温室内的气温达到70℃～80℃，土壤温度达到60℃。

(二)高温闷棚“三补”

1. 补粪肥，使其充分腐熟 鸡粪、猪粪等有机肥难以腐熟，即使在日光温室前坑内堆积半年之久也不能充分腐熟。如施用未充分腐熟的有机肥易导致烧根熏苗，引发病虫草害，危及蔬菜生长。因此，在高温闷棚之际，把鸡粪等有机肥提前施入日光温室内，在进行高温闷棚的同时促进鸡粪等有机肥的腐熟。具体做法是：清园后把鸡粪等有机肥均匀施入温室内，再用旋耕机进行耕地，将鸡粪均匀混入土壤之中，而后深翻地将鸡粪翻入约25厘米深的耕作层中。

有些菜农担心鸡粪等有机肥腐熟不彻底，因此在施入鸡粪等有机肥的同时喷洒一遍促进有机肥腐熟的生物菌制剂。这样做的确可以加速鸡粪的腐熟，但随着闷棚的持续，温室内地温升高，会杀灭生物菌制剂中的活菌，反而降低了生物菌制剂补充土壤中有益菌的作用。

2. 补石灰氮，严防根结线虫　对于根结线虫严重发生的日光温室，可在翻地前每667平方米用60～100千克石灰氮进行高温闷棚，充分利用石灰氮与水反应形成的氰胺杀灭根结线虫。

3. 补生物肥，增加有益菌　高温闷棚后，土壤中有害病菌没有了，但同时有益菌也被闷死了。因此，高温闷棚后必须增施生物肥，以增加有益菌，否则蔬菜定植后，若遇病菌侵袭，则无有益菌缓冲或控制病菌的发展，很可能导致蔬菜大面积发生土传病害。可选择激抗菌、芽孢杆菌等生物菌肥，在蔬菜定植前用有效菌数≥20亿/克的生物菌肥80～120千克均匀地施入定植穴中，保护蔬菜根际环境，促进蔬菜生根，增强蔬菜植株的抗病能力。

(三)高温闷棚“三忌”

1. 忌闷棚时间过长　据有经验的菜农介绍，在夏季如果高温闷棚30天，棚膜的老化程度相当于平常使用150天；如果高温闷棚一个夏天，棚膜的老化程度则相当于平常使用一年。因此，夏季不能无限制地高温闷棚。为减少高温闷棚对棚膜造成的损伤，一定要控制好闷棚时间。一般情况下，温室棚膜都是一年一换，可在春茬蔬菜收获后，及时深翻土地，施足鸡粪，利用旧膜高温闷棚，这样做虽然提温较慢，但有充裕的时间闷棚，因为旧棚膜也已到该换的时候了。

如果采用新膜闷棚，提温虽快，但薄膜受损严重，因此应控制闷棚时间。一般情况下，干闷过后，换上新膜湿闷 15 天即可。对老龄温室闷棚时间可长一些，但最好不要超过 20 天。

2. 忌闷棚前施菌肥 在夏季蔬菜温室休闲期，菜农通常会在翻地施肥后关闭温室口进行高温闷棚。这种做法很好，但需要注意的是在闷棚前翻地施基肥时切不可把生物菌肥一起施入。因为高温闷棚的目的是利用高温消毒灭菌，如果在闷棚前施入生物菌肥，菌肥中的生物菌必然会在高温闷棚的过程中死亡，也就发挥不了生物菌肥应有的作用。

3. 忌带棵闷棚 一些菜农往往不将拔除的植株运出日光温室外，而是留在日光温室内进行高温闷棚，俗称“带棵闷棚”。他们之所以不把拉秧的植株及时带出日光温室外，主要有以下 2 个原因：一是刚拉秧的植株含水分较多，往温室外运时比较费劲，而留在温室内等高温闷棚后再往外运，那时植株内的水分已经蒸发，运出温室外比较省力；二是菜农们认为带棵闷棚能将植株上的病菌杀灭，若将未经熏闷的植株运出温室外，植株上的病原菌就会再随风或被人员带入温室内。其实带棵闷棚的方法并不科学。如根结线虫病严重的温室，在高温闷棚前更应将植株运出温室外，因为在拔棵的时候，植株上势必带有大量的根结线虫，将带有根结线虫的棵子运出温室外，就减少了温室内的根结线虫，闷棚效果更好。带棵闷棚的菜农为省劲一般不会把植株拔出，线虫在土壤下闷棚的效果就差。而拔出植株带出温室外，原先植株根系生长处的土壤处于裸露状态，闷棚时这些土壤提温快，杀灭线虫的效果比带棵闷棚显著。

此外，带棵闷棚势必对温室土壤造成遮荫而降低温室内的温度。高温闷棚时，温室内温度达到 55℃以上才能达到杀菌杀线虫作用。如果带棵闷棚，尤其是像黄瓜、苦瓜、番茄等较高的植株势必起到遮荫的作用，影响温室内温度的上升，从而影响高温闷棚的效果。